分子之美

从生命起源到分子机器

[法] 让-皮埃尔·索维奇 著
JEAN-PIERRE SAUVAGE
杨恩毅 译

机械工业出版社
CHINA MACHINE PRESS

人类怎样才能创造出具有生命特性的分子？这正是本书作者和他的团队多年来所研究的问题。本书作者是一位诺贝尔化学奖得主，他用朴实易懂的语言带领读者走进奇妙的化学世界，分享了他从对科学充满好奇心的懵懂少年成长为化学领域巨擘的非凡旅程，讲述了其研究团队在合成化学、分子机器和超分子化学领域所取得的革命性成就。本书还探讨了生命起源的谜题，剖析了科学与人类、社会、自然之间的关系，特别是科学在现代社会中所面临的挑战和误解。本书适合广大大众读者阅读。希望本书能让每个人都能领略化学之美，并唤起大众的思考力。

图书在版编目（CIP）数据

分子之美 ： 从生命起源到分子机器 / (法) 让-皮埃尔·索维奇著 ； 杨恩毅译. -- 北京 ： 机械工业出版社, 2025. 2. -- ISBN 978-7-111-77571-3

Ⅰ. 06-49

中国国家版本馆CIP数据核字第2025KF0988号

机械工业出版社（北京市百万庄大街22号　邮政编码100037）
策划编辑：蔡　浩　　责任编辑：蔡　浩
责任校对：潘　蕊　李小宝　　责任印制：刘　媛
河北环京美印刷有限公司印刷
2025年4月第1版第1次印刷
148mm × 210mm · 7.25印张 · 88千字
标准书号：ISBN 978-7-111-77571-3
定价：49.00元

电话服务
客服电话：010-88361066
010-88379833
010-68326294

网络服务
机　工　官　网：www. cmpbook. com
机　工　官　博：weibo. com/cmp1952
金　　书　　网：www. golden-book. com
机工教育服务网：www. cmpedu. com

序 一

DeepTech 作为一家科技服务机构，每天接触的都是新兴科技、科技创新者和科技创业。我们一次又一次感叹于人类智慧带来的科技进步，科技进步又反哺人类社会进步。这更让我们意识到一家科技服务机构身负的社会责任——让更多的人了解科学、技术、创新，了解科技背后的人和故事。

图书显然是用于传递科学技术知识最经典的媒介之一。自 2016 年以来，DeepTech 开始聚焦前沿科技科普领域，至今已经正式推出了十余种持续热销的图书。在这些图书中，有面向科技和科创界的重大科技盘点，有面向大众的科普和科学家故事，还有为青少年撰写的科学趣文。

DeepTech 在参与合成化学和合成生物学的技术孵化项目中，注意到 2016 年诺贝尔化学奖得主让－皮埃尔·索维奇（Jean-Pierre Sauvage）教授最新出版的图书 *L'élégance des molécules*。索维奇教授对科学最大的贡献是在分子机器领域。分子机器实际上就是能进行受控运动的分子，例如分子电梯、分子肌肉、分子马达（分子发动机）等，在外界施加能量时可完成某种具体的任务。正是这一科研突破，向我们打开了一扇大门，有可能将人类的“机械文明”带入一个全新的分子维度，其中蕴含着无限的应用可能。

非常难得的是，这位诺奖大咖在引领世界化学研究的同时，不忘对大众的科学普及。在这本书里，索维奇教授用朴实易懂的语言带领读者走进奇妙的化学世界，分享了他从对科学充满好奇心的懵懂少年成长为化学领域巨擘的非凡旅程，讲述了其研究团队在合成化学、分子机器和超分子化学领域所取得的革命性成就。我们当时就被这本书吸引，也邀请到出版过多部法语译著、原中国驻法国大使馆文化处的杨恩毅老师进行翻译。

非常高兴经过机械工业出版社编辑们的辛勤工作，这本书的中文版马上就要和大家见面了。我们希望这本书能带领大家了解一项未来可能改变我们生活的前沿科技，领略精彩的化学世界！

DeepTech 还将持续耕耘前沿科技科普领域，也希望给大家带来更多、更好的前沿科技科普作品。

DeepTech 图书团队

2024 年冬

序 二

化学是一门必不可少的基础科学，这是不争的事实。为什么呢？很简单，化学在人类活动中无处不在，尤其在生物学领域。所有生物体，从根本上讲，都是由分子构成的。化学带来的发现为人类提供了至关重要的服务。然而，很多人对“分子”这个词似乎很陌生。但实际上，分子无处不在。它们在生命中扮演着核心角色，因为生命本质就是分子活动的体现。从最原始的生物，如病毒和细菌到包括人类在内的复杂哺乳动物，生命的基础都是建立在数量庞大的分子之上，这些分子往往结构复杂。而这些生物体的分子集合体，则是由自然界中存在的多种原子组合而成。

自 19 世纪中期以来，化学家们已经合成了数百万种分子。这些合成分子通常与生物体内的天然分子大不相同。不过，随着科学的进步，许多化学家已经合成了天然分子，这些分子在生物学中或多或少具有一定的重要性。值得注意的是，许多专注于有机合成(即利用现有的分子合成目标分子)的化学家，对这些化合物的运动并不太感兴趣。当然，大多数合成分子在常态下是惰性的，它们会在热能的作用下进行无规则的随机运动。

在生物世界中，情况则完全不同。某些生物分子经历了精确控制的运动，这些运动通常对它们参与的生物过程至关重要。某些生物分子机器能够实现宏观运动，例如我们肌肉的收缩或伸展。这些运动基于微小的机器——肌节。肌节是长度为 2~3 微米（1 微米 =10^{-6} 米）的微小丝状结构，其直径约为 10 纳米（1 纳米 =10^{-9} 米）。当大量肌节首尾相连并组装成束时，就形成了能够收缩或伸展的肌肉。

另一个引人注目的例子是被称为 ATP 合酶的酶。ATP（三磷酸腺苷）是细胞内能量的主要传递者。它是一种相对简单的化合物，通过降解生成 ADP（二磷酸腺苷）为生物体提供所需的能量。我们都熟悉汽油、柴油等燃料，它们能为我们提供取暖或驱动车辆所需的能量，但这些碳基燃料的燃烧会产生二氧化碳和水。水分子完全无害，但二氧化碳分子则与全球变暖问题密切相关。而生物世界比人类更加尊重环境。当 ATP 被消耗时，会生成 ADP 和无机磷酸盐。在复杂的化学过程中，ADP 会被回收为 ATP，而生物体不会向大气中排放任何物质。负责这一回收过程的酶被称为 ATP 合酶，它是一种对生物体来说必不可少的酶。ATP 合酶每天能够将数十千克的 ADP 和无机磷酸盐转化为 ATP，为包括人类在内的哺乳动物提供能量。

ATP 合酶是一种特别高效的旋转马达，在 ADP 转化为 ATP 的过程中可以相对较高的速度旋转。而当生物体需要能量时，ATP 合酶会转化为 ATP 酶并降解 ATP 释放能量，此时旋转马达会反向旋转。地球上所有生命都依赖于 ATP 作为能量来源，因此也依赖于分解和产生这种燃料的酶（分别是 ATP 酶和 ATP 合酶）。

这种属于庞大的“马达蛋白质”家族的分子机器无疑给合成化学家带来了灵感，使他们对能够像旋转或线性马达一样运动的合成分子产生兴趣。事实上，在生物学为我们提供了令人惊叹的分子机器的例子之前，那些设计出非常复杂的分子的科学家们似乎对他们所创造的物体的受控运动并不感兴趣。

直到 20 世纪 90 年代中期，一些研究小组才开始对合成分子的运动产生兴趣，并希望能够完全控制这些运动。当然，我们必须记住，我们所讨论的这些分子属于纳米世界。我们用肉眼看不见它们，只能通过极其复杂的技术进行观察和研究。

我从小就对光合作用充满好奇。16 岁时，我收集了一些简单的实验器材（如锥形瓶、烧杯、试管等），在家里的地下室建立了一个非常原始的小实验室，尝试从植物碎片中提取叶绿素并进行“研究”。这种对光合作用的热爱无疑在我的人生道路上发挥了重要作用。它引导我走向了合成或复杂或简单的分子的道路——尤其是在我还在努力寻找人生方向的关键时期。

让 – 皮埃尔 · 索维奇

前 言

鲜活命运

2016年我获得诺贝尔化学奖之后，来自世界各地的记者对我进行了数十次采访。我并没有引以为傲：由瑞典皇家科学院颁发的诺贝尔奖是绕不过的新闻话题，就像每年秋天都会掉落的栗子，就像夏天高速公路上川流不息的车辆。

我生性腼腆拘谨，但对于采访的请求，除了一两次特殊的情况之外，我全部接受了。首先是出于礼貌，其次我也有自己的一个愿望，那就是通过媒体触及非专业出身的普通大众。对他们来说，化学充其量只是中学时的一段并不美好的回忆，更有甚者，还有人认为这是一门要人性命的科学。“化学”这个词在绝大多数我的同时代人心中激起的，是刻板的印象，是怀疑和不信任，是完全的漠不关心。我不否认这一点。在大众眼里，化学家的形象可能是一个蓬头垢面的炼金术师，拿着放大镜仔细观察一支冒着烟的试管，里面装着他最新配制的毒药；或者是一个生性邪恶的工业家，抽着雪茄，正因找到比上一批杀虫剂毒性更强的配方而得意扬扬。如果能通过媒体的麦克风消除这样的成见，那么我认为，这是诺贝尔奖得主这一殊荣赋予我的义不容辞的责任。

但这些歪曲的形象并非总是来自大众，有时候源头正是媒体自身，它们甚至会让人们产生意想不到的误解。

颁奖典礼后的两三天，我在斯特拉斯堡大学的办公室通过电话接受了一位在大众媒体工作的美国记者的采访。至少有一点可以肯定，那就是她似乎对采访的主题——让我被授予诺贝尔奖的工作的性质——并不十分感兴趣。我像平常一样发表了一通解说，并没有太上心。而在电话的另一头，迎接这通解说的，是一次次审慎的沉默。显然，我的话没有引起她的任何回应，也没有引出具体的提问。突然，就在采访快结束的时候，对方似乎一下子打了个激灵，像野兽扑向猎物一样问了最后一个问题："您确定分子不会因为被人这样操纵而感到痛苦吗？"

随之而来的又是一阵沉默，但这次沉默的人变成了我。这种我认为奇特但也应尊重的冷漠态度，实际上掩盖的是被压抑起来的敌意。数百万个分子受尽"折磨"，被迫进行合作；多亏了它们，我才取得了重大的科学成就，并因此获奖。但在此之前，我居然一直没能意识到这一点。

我怔了很久，确定她不是在开玩笑之后，摆在我面前的有两个选择：要么向她讲授一堂初中生水平的“生命与地球科学”课，要么立刻结束这场对话。我选择了第三个方案，礼貌地为这次交流画上了句号。我简单回顾了一个经过验证的科学真理：分子不属于生命体的世界。它们什么都感觉不到，没有喜悦，没有恐惧，没有不公，也没有痛苦。无须懂得任何晦涩的理论，日常经验就足以证明：当你踩到它们的“尾巴”时，它们不会叫起来。

我在此讲述这件奇闻，并非为了取笑这位我没有具名的记者。她的话以一种略显讽刺但却振聋发聩的方式，阐明了我长期以来认为的一个观点：如果说化学是基础科学中最不被待见的一门学科，那么无疑是因为人们对化学了解得最少。

稍微思考一下，少一点苛责，就不难发现这位记者认识混乱的根源所在，也就会觉得她这种想法情有可原了。液体、固体、气体，动物、人类，凳子、床头灯……除了少数由原子直接构成的物质——比如氦气，大部分物质都是由自然界中不同原子组成的分子集合体，常见的原子有碳、氢、硫、磷、氮等。无论是生物体还是非生物体，其基本成分都相同，不同的只是“配方”。一个与直觉相反的事实由此产生：有生命的生物体是由没有生命的分子组成的。毫无疑问，正是这个明显的悖论，让我们的记者把生物体的特性归因于对她来说十分陌生的分子。

然而，是什么让某些分子结构**有了生命**呢？构成生命王国里物种的化学组合究竟是靠什么奇迹才动起来且能够学习和繁衍的呢？

一句话，是什么给了生命以生命？

1952 年，一位美国学生斯坦利·米勒（Stanley Miller）试图通过一项实验来解开这个谜团。如今，这个实验就以他的名字命名[㊀]。

米勒在芝加哥大学学习化学时，做了一个大胆的决定，他将博士论文的题目定为“研究地球生命的起源”。在其导师哈罗德·尤里（Harold Urey）——1934 年诺贝尔化学奖得主——的指导下，米勒进行了一项实验，目的是在实验室里重现 40 亿年前地球形成生命时的条件。处理手法非常简单。米勒首先在一个圆底烧瓶底部注入少许水，容器剩余部分则充满了气体混合物，这些气体是当时人们认为生命出现之初大气中的主要成分：甲烷、氨气和氢气[㊀]。烧瓶被加热后，产生的蒸汽会受到电极产

㊀ 米勒实验或米勒 - 尤里实验。

㊀ 二氧化碳在原始大气中的重要性现在已被广泛接受，但在 20 世纪 50 年代，人们并未达成共识。

生的电弧的作用，这些电弧模拟的是当时地球上此起彼伏的闪电。通过分析放电对混合气体的影响，米勒发现，实验产生了 20 种标准氨基酸中的 5 种。这些由氧、氢、碳和氮等原子组成的聚合物存在于所有已知生物的每一个细胞之内。正是这些分子结构相对简单的氨基酸组成了更为复杂的分子——蛋白质，它们是参与新陈代谢构建和功能的“工蚁”。

这一惊人的结果使米勒很早就赢得了同行们的认可，但并未为他带来诺贝尔奖。然而，这项实验揭示了生命出现所必需的条件：气体混合物、强大的能量来源（放电）和可以作为溶剂的液体（水），这些条件都有利于发生化学反应，从而促进新分子的形成。发现这种被称为“原生汤”的物质虽然颇具启发性，但只解决了生命出现之谜的一部分。它揭示了基本原则，但没有阐明深层的机制——将没有生命的分子簇转化为能够出生、成长、复制和死亡的有机体的“魔法”。

在取得这一重大进展后差不多70年过去了，科学界仍未找到这一古老问题的答案。在米勒实验多年后，在一系列类似的实验中，二氧化碳（CO_2）被加入到原始气体混合物中，随后，科学家在原生汤中找到了生物体形成和生存所需的所有20种氨基酸，以及构成DNA和RNA的基础分子，DNA和RNA包含制造氨基酸的密码，因此是搭建所有生命体的第一块砖。在同样的探索过程中，20世纪80年代中期，德国化学家金特·冯·凯德罗夫斯基（Günter von Kiedrowski）成功地在包含两条成分类似的分子链的溶液中复制出了一条DNA链：这是人类通过科学方法首次实现自我复制的现象。这是一个巨大的进步，但并没有触及问题的本质：在21世纪，人类仍然无法在实验室中创造生命。

这种探索从来不是我的任务，它是生物学（关于生命的科学）而不是化学（关于物质及其转化的科学）的工作。

那么，为什么我要在本书一开始就提出这个问题和与其相关的奥秘呢？因为我和我的团队成功为没有生命的分子注入了人造生命。

生物体是极度复杂的精密机器。在分子层面上——这是化学家研究的范畴，这是令人叹为观止的奇迹。我说的还不是人体，仅仅是一个肉眼不可见的细菌，其蕴含的分子机制就复杂得无法描述。构成细菌的每个部分都有十分复杂但又非常明确的功能。细胞就像一个超完美的化学反应工厂，24 小时不间断地自主工作，但直到今天，我们对这些过程的了解也只有微不足道的一部分。与大自然的鬼斧神工相比，21 世纪的化学家们在尖端实验室里合成的惰性分子简单得令人发笑。

生命的起源问题从未在夜深人静之时惊扰过我，然而，支配生命运作的化学奇迹却一直让我着迷。不过，这两个谜题联系得十分紧密：生命在形成以及之后的进化过程中，发展出我们无法人为企及的化学功能，而惰性物质就没有这样的功能。两个对生命发展至关重要的奇迹占据了我职业生涯的大部分研究时间：光合作用及其结果之一，即水的光解。在科学界朋友和同行的帮助下，我解开了一些顽固的谜团，这为我赢得了一些认可。

能获得诺贝尔奖这项无上的荣誉，我和我出色的团队都认为应归功于一项壮举，但这一壮举甚至一开始并没有包含在我们实验室的研究项目中。

创造生命仍然是一个遥不可及的幻想，但直觉告诉我们，另一个不那么雄心勃勃但同样让人欢欣鼓舞的目标却是可以实现的：模拟生命。

在共同的好奇心、一点偶然的运气和不设限的科学雄心的驱使下，我们成功赋予了惰性分子以生命王国最常见的一项特征：动起来的能力。

本书所讲述的便是我们成功的过程，以及在大自然的“卧室”里度过的 45 年教会我的东西。

目　录

第一章

龙之森林

热衷于精神分析的读者会迫切地想要挖掘我的家世或童年，希望从中找到一些蛛丝马迹，即便阐释不了我对分子团的爱好，至少也能表明我热爱科学。但他可能会无功而返。

1944年10月21日，就在法国解放的几个星期之后，我在巴黎出生。我的母亲莉迪·安热勒·阿尔瑟兰（Lydie Angèle Arcelin）是一名全职主妇，我的父亲卡米耶·索维奇（Camille Sauvage）是一名功成名就的乐队指挥兼爵士乐单簧管演奏家。在这里，弗洛伊德式的读者找到了一些引人注意之处：只要发挥一点想象力，我们就可以把爵士乐看作在既定音符上即兴创作的艺术，这需要既匠心独具又井然有序的心思，与把弄分子组合的化学家一样。不过，我对这种对比将信将疑。

我的父母都是外省的小资产阶级，我母亲家在诺曼底，父亲则来自法国北部。他们离婚时我还是个婴儿。当我那生性不羁的生父重拾他作为艺术家的自由的时候，我的母亲则改嫁给了空军军官马塞尔·路易·格罗斯。他是一个很有爱心、很有耐心的人，在我的心里，是他造就了我，直到今天，我都把他视作自己真正的父亲。从那时起，我的童年就像许多士兵的儿女一样，在不断地搬家中度过。先是突尼斯、阿尔及利亚，然后是美国密苏里州的圣路易斯和科罗拉多州的丹佛。当回到法国时，我已经 8 岁了。回来之后，我们打包和拆箱的频率依然很高：一开始是图尔市区，然后是图尔郊区，最后是巴黎。

在我 10 岁那年，母亲生了一场大病。她被诊断出患有肺结核，这种病在当时的死亡率很高，她因此被迫在疗养院待了一年，我甚至不能去探望她。在母亲接受治疗期间，我和外祖母一起住在厄尔河畔帕西。外祖母是一位意志坚定的女人，令人敬佩。她对我疼爱备至，我也对她关爱有加。在所有的暑假我都会回到她身边度过，这是我四处漂泊的童年时期少有的安稳日子，因为我没有可依恋的朋友，也无法融入周围的环境。这并非我想要的。

母亲病愈之后，我们前往孚日省（les Vosges），我的继父被分配到孔特雷克塞维尔（Contrexéville）的军营。我即将满 11 岁，要进入小提琴之乡米尔库尔（Mirecourt）的男子初中学习。令我吃惊的是，我的父母以学校离家太远为由坚持让我住校。其实这只是一个借口，因为两个城市之间有轨道列车，我完全可以只在学校吃午饭。我为自己据理力争，外祖母也支持我，但无济于事。分离让人心碎，但只是对我一个人来说是这样的。从我记事时起，在需要做出重要决定的时刻，父母都很少征求我的意见，有时我甚至觉得我只是这个家里的过客。在学校的最初几个星期里，我每晚都在哭，但我的适应能力经过了重重考验，加之可以玩抓子游戏，因此我很快就融入了新环境。

寄宿学校的这段插曲也唤醒了我关于生父的遥远记忆。他的缺席第一次让我感到压力。为什么他对我不感兴趣呢？每过两三年我都会去看他一次。他住在位于马恩河畔诺让的漂亮房子里，这座房子是他成功的象征。几乎每次我去看他，他都会向我介绍一个新伴侣。我们的关系很温馨，但我意识到，他是一名贪恋红尘的艺术家，他的社交生活永远不会给我梦想中的理想化父子关系留下空间。

我们刚从美国回到法国时，我跟不上正常的教学进度，我在写作和阅读方面都存在不足。我在中学时赶上了进度，但成绩也只是中游。米尔库尔初中从军队借鉴了不少钢铁般的纪律，学校里弥漫着反抗的氛围。

这并没有提高我的成绩，但这种氛围让我收获了友谊。为了避免吃下食堂里难吃的食物，你必须学会一项技能：学监一转身，立刻把盘子里的东西塞进卫生纸。饭后，你必须在厕所前排队，等着把口袋里的东西冲进厕所。要知道，这一地区的冬天寒冷刺骨，最低气温可低至 -25℃！湖面结冰形成天然的溜冰场，考验着我们的胆量。

周末，我回到家，就沉浸在“故事与传说”系列童书中，这是我的逃避时刻。这套书我读了几十本。鉴于我的家庭环境，我有这样的阅读习惯并不奇怪：我的母亲虽然没有继续高等学业，但她也获得了高中文凭——这对于战前女性来说是极其罕见的；而我的外祖母也是一个读书人，十分有教养。家里良好的文化氛围无疑帮助我在法语上取得了好成绩，这是我最擅长的科目。

年满 15 岁时，我要上高中了。就在这时，我的继父又接到了一项新任务，我再次遭遇到困难。我们搬到了阿尔萨斯大区北部的一座村庄——德拉尚布龙（Drachenbronn），这个名字在德语里是“龙之喷泉”的意思：在这片产油区，许多废弃的油井时不时地就自燃起来，让人觉得像是会喷火一般。我的继父加入了901基地，它位于附近的马其诺防线上，是欧洲最大的雷达站之一。我去了30多千米以南的阿格诺综合高中上学。我的父母再一次坚持让我在学校寄宿，然而，军队其实租用了一辆穿梭巴士当校车。直到60岁时，我才试图和父母吐露当时自己被抛弃的感受。“在我们看来，那都是为了你好。”他们如是回答。我成了村里唯一一个寄宿生。

感谢上帝，这一次的学校氛围与米尔库尔的完全不同。自由就是准则，外出无须申请批准，为了在最大限度上享有自由，我甚至和学监们打成一片，他们都是一些轻松随和的大学生，年纪大不了我们多少。星期四的下午，我的母亲有时会来看我，带我去城里吃冰冻蛋白脆饼。我对这段时期的记忆颇深，甚至还记得当时的一些朋友。课间休息时，我和这些人是极少数不会说阿尔萨斯语的人，这既把我们排除在别的圈子之外，又让我们聚集在一起。当地人把我们这些“非阿尔萨斯人”称为“法国内地人”，其中有一个叫罗贝尔·朗格卢瓦（Robert Langlois），他和我一样，也是寄宿生，也是士兵的儿子。在操场上一场疯狂的巴斯克回力球比赛后，我们成了形影不离的好朋友。他在攻读完法律专业之后加入了道达尔公司，并在那里度过了整个职业生涯。在我们第一次逛咖啡馆的60年之后，我们仍然保持着定期联系。

在阿格诺的高中，我的好心情又回来了，所有科目的成绩都有了提高。我很快从班里的中等生一跃成为尖子生。我还发现了自己在科学方面意想不到的天赋。高二时，我在这方面的优势越发明显。我首先要感谢我的数学老师卡约先生（M. Cailliau），他行事严谨，堪称模范。很多老师都为了图方便或者节约时间而跳过计算步骤或推导过程，但卡约先生却像写连载小说一样展开他的数学推导，一步步地推进，没有半点省略。重读他的证明过程就会发现他的思路非常清晰，不可能让人不明不白。我也喜欢他富有感染力的壮志雄心，他会毫不犹豫地给我们布置超纲练习题，尤其是在三角学方面，希望将乐于接受挑战的心态传递给我们。我和同学们一样，常常在这些题目上栽跟头，但这次，我发现挑战对我来说是一剂兴奋剂。在我后来追寻的职业中，这是一项重要的优势。

在我的象牙塔里，另一位老师发挥了像催化剂一样的作用，那是我的物理化学老师，但如今我已经想不起他的名字了。他就是一位按照惯例被派到边远地区锻炼的年轻教师。但他十分独特，思想超越了同时代的人，他对师生之间的互动十分欢迎，鼓励我们在必要的时候打断他，而不要暗自咽下心中的疑问。他还允许我们只要有需要，下课之后仍可以继续追问，我就一直这么做。我第一次在分子层面发现了大自然的规律，不过，我感到最满足的时刻却是在实践活动中，这是一个运用经验阐释理论的好机会，也让我越来越喜欢上化学课。

故事讲到这里时，敏锐的读者立刻会把上面最后一句话当作我未来职业选择的起点。但我不这么认为。作为一名高中生，当时的我对所有科学学科都有同样的兴趣：化学自不必说，但还有数学、物理和生命科学。我同样还非常喜欢法语，高三时哲学也让我兴奋不已。从我的成绩单上看不出我对某一个学科有什么偏好或特别的才能，因为我每一科的成绩都很好。

如果说后续故事有一个触发器的话，那便是来自学校之外的另一个因素——地理位置。

20 世纪 60 年代初，德拉尚布龙还只是一个村子，居民只有大约 500 人，他们在这里过着平静的生活。换句话说，这里什么事也不会发生。在军事基地，我和派驻在那里的其他士兵家属住在一起，唯一的乐子可能是时不时能和几个士兵朋友踢踢足球。除了一个面积几乎无限的“游乐场”——森林之外，可供青少年周末休闲玩乐的场所几乎没有。村子和基地位于孚日山脉脚下，在沃什瓦尔德高地的入口处。绵延起伏的绿色大山远远地深入到德国境内。除了探险还能干什么？我和年龄相仿的一两个朋友一起沉迷其中，一开始是因为没有别的选择，后来则是由于心向往之。很快，我在森林里就像在自己房间里一样，能够用堪比 GPS 的精度为自己定位。我能一整天都待在里面，用别在腰带上的刀砍掉树枝和杂草开路，或者采摘形状和颜色引起我注意的植物。我学会了辨认植物：橡树叶和山毛榉的叶子不一样，枞树的刺和云杉的刺也不一样。和大自然的接触与我喜欢思考的性格完美契合。我在这个地方没有什么朋友，对女孩也不怎么感兴趣——我的青春期还没到，荷尔蒙还没开始躁动。

我对化学和其他自然科学的实验的兴趣日益浓厚，趁周末在森林散步的机会，我为自己在家做实验选择第一手原料。我用零花钱在阿格诺的药店买了一只锥形瓶——类似于沙漏的下半部分，还有一个气球和一些试管。我把这些设备安装在我们家小屋的地下室里，地下室便被我改造成了一个原始的实验室。我的第一次实验与 55 年后为我赢得诺贝尔奖的实验相去甚远：我把橡树叶捣碎之后，浸到一张吸墨纸上，叶绿素分子会通过毛细作用在吸墨纸上聚集成小条状。利用这些简单的材料，我就能提取出这种对生命至关重要的原子团，想想就让人着迷。

有关酶及其催化特性的化学课程为我打开了一个新的实验领域，我试着进行发酵。我首先用细砂糖和水制作蔗糖溶液，然后朝里面吐口水——老师教我们唾液中含有能够将蔗糖分子转化为葡萄糖和果糖的酶。剩下的就是化学的力量：通过化学反应，葡萄糖分子被降解为二氧化碳和乙醇。我于是准备开设自己的秘密酿酒厂，但我并没有付诸实践。游戏的乐趣才是最重要的，这种无须技巧就能表演魔术的感觉让我很开心。此外，看到大自然创造的奇迹，我感到一种美学上，甚至是富有诗意的喜悦。

我特别留心保守这个秘密，不把这种娱乐方式告诉我的高中朋友们——在家里的地窖里扮演小化学家并不是一件值得夸耀的事情，也不是青春期的叛逆孩子应该做的事。我确信他们会因此对我进行无尽的嘲讽，但也许我错了。事实上，我并不是所有周末都在地窖里做实验——高中毕业之前，我把自己关在简陋的实验室里的次数也不过二十多次。与其说这段插曲是我致力于化学研究的源头，不如说是我因为对大自然和它所创造的奇迹太过着迷而迸发出来的激情火花。但这种激情仍然持续至今。

鉴于我在科学方面的好成绩，我高中毕业会考选择了初等数学，这是现在理科类的前身。我以“良好”的评语拿到了高中毕业证书。[㊀] 考试的时候我很平静，也许有些过于平静了，因为成绩低于我的预期。除了科学，我其他科的成绩都低于平均水平，只有哲学考了 10 分，成绩很一般。即使在物理化学上，我也只拿到了 15 分，这个分数虽然还可以，但绝对不是未来能获得诺贝尔奖的样子。我既不想马上工作，对复杂的高等教育体系也没有任何了解，在这种情况下，我毫无主见地想注册普通大学。我打算报名预科，这是一个普通理科类的高等教育阶段，学制是两年，为下一阶段的教学或研究打下基础，如今已经取消。我的继父对我的选择感到震

㊀ 法国的高中毕业会考分为普通、技术和职业三类，其中普通高中毕业会考分为经济与社会科学类（ES）、文科类（L）和理科类（S）。法国考试采用 20 分制，10 分及以上是及格（passable），12 分及以上是良好（assez bien），14 分及以上是优秀（bien），16 分及以上是优异（très bien）。——译者注

惊：为什么不上预备班？[㊀] 我甚至不知道有预备班这件事，就同意了他的建议。

基本上，我确定的只有两件事：科学让我感兴趣；大自然让我着迷。

很幸运地，我将把30年的职业生涯奉献给大自然最神秘的杰作之一，这也是我的高中毕业会考自然科学学科的论述题，我得了17分，是我在这次考试中的最高分。

光合作用，生命之肺。

㊀ 指大学校预备班，是法国教育体系特有的机制。预备班视作高等教育阶段，但设在高中校园内，学制是两年，分为文学类、科学类、经济与商业类三类，学业比高中更辛苦。两年后还需通过淘汰率很高的入学考试，才能进入提供等同硕士文凭的大学校。大学校通常被视为精英教育，巴黎高等师范学院、巴黎综合理工学院、巴黎政治学院等均为大学校。——译者注

第二章

生命交响

合成化学家的日常如其名所示，大部分时间是在制造合成分子。对于“合成”这个术语，人们常常对它抱有误解，有一大堆负面的偏见。按照定义，合成的即非天然的。过去，“人造”被看作是人类智慧的成功。但是在现在这个时代，大自然被认为是纯洁的，褪去了所有矫饰，在这种情况下，“人造”这个词就变得十分可疑了。

事实上，除了自然界提供的和其他化学家制造出来的分子外，合成化学家并没有其他配料可用。他们并没有完全凭空制造出额外的东西。“没有什么消失，也没有什么被创造，一切都在变化。”这句被传为安托万·拉瓦锡（Antoine Lavoisier）的名言，确立了物质转化的基本原理，值得在这里回顾一遍。合成化学家是一种将原料或已经部分转化的产品转化为新产品的厨师。要制造自己设计的合成分子，无论简单还是复杂，他都要从专业零售商那里获取其他分子，就像厨师在市场上购买他制作菜肴所需的原料一样。碳粉形式的碳、液氮、氦气等瓶装气体、铑或钌等所谓的“贵金属”……化学工业可提供数千种合成分子，它们的价格不等，有的（气体）每升几欧元，有的每克五十多欧元（比如钯或铑等稀有金属），如果分子的结构非常复杂或者属于生物化学范畴，价格甚至更高。

因此，合成化学家的工作就是从这些基本成分出发，尽可能严格而精确地按照实验前设计的“合成计划”，通过在原子之间建立化学键来创造新的分子，并且在遇到困难的时候修改既定策略。合成本身的各个步骤称为“反应”。它们可以将分子或原子——在实验中称为“反应物”——以化学的方式连接在一起，其目的是创造一种新的结构。有时会用到非常复杂的实验技术，推动所需的反应并获得目标化合物。这个目标化合物大部分时间里是一个中间分子，让化学家能更接近他的下一个目标。而这个目标本身也会被转化为更复杂的分子，如此继续下去，直到获得所需的分子。合成的艺术需要非常广博的化学反应知识，这样才能预测每个步骤中的反应是否会按照合成计划进行。此外，这项工作还需要敏锐的直觉、极大的耐心和坚定的决心，只有这样，化学家才能忍受整个过程中遭遇的一次次失败并再接再厉。

我们用一个只有一个步骤的常见化学反应为例：用氢气（H_2）和氧气（O_2）合成水分子。试管中的气体混合物在火花的作用下，发生短暂而剧烈的爆炸。这种“爆炸”就是反应本身，表明两种反应物已经发生相互作用并结合在一起，形成我们在管壁上看到的细小液滴，即水（H_2O）。反应在氢原子和氧原子之间建立了一个新的化学键。

事实上，这个基础反应可以用来说明我们的问题。再举一个同样简单的有机合成反应——乙酸乙酯的制备。取一杯酒（内含乙醇）和一杯醋（内含乙酸），将它们混合，加热后便得到一种新分子——乙酸乙酯，其独特的气味是学生使用的胶水的味道。

让两个氢原子和一个氧原子形成一个水分子而不散开的，是反应产生的化学键。简言之，这种连接是多个原子核同时吸引电子所形成的，这确保了整个系统的电中性和稳定性。从这里开始，事情变得复杂起来：有些分子很容易结合，有些分子难以结合，有些则根本无法结合。在化学键形成、连接固定之后，化学家就可以着手通过新的反应来将这个分子与另一个分子连接起来，并以此继续下去。在大多数情况下，通过查阅科学文献，我们就能知道设想的化学键有没有可能形成。但事情并非总是如此：在涉及非常复杂的分子组合的情况下，只有实验才能回答这个问题。

分子合成是合成化学家的领域。它通常被认为是分子化学中最高贵也是最困难的分支之一。它也是化学的核心，与许多经济和科研活动息息相关：几乎所有工业领域、制药和医学等方面所使用的大量材料均与合成相关。特别地，合成能够制造具有各种用途的化合物，包括药物、肥料、除草剂、食品补充剂等。这些在实验室中设计的分子可以分为两大类：一类完全是由人类想象力创造的分子；另一类则是再现自然界中存在的分子或与其结构相似的分子。按组成元素的不同，分子又能分为另外两类：一类是所谓的“无机”或“矿物”化学分子，主要包括金属和矿物，如铝或二氧化硅；另一类是所谓的“有机”或“生物”化学分子，其组成元素主要包括碳、氮、氢和氧，以及元素周期表中的其他多种元素。人体就是由一系列极其复杂的有机分子构成的（除了骨骼主要由无机磷酸钙分子组成以外），这一结论也普遍适用于所有其他生物体。

人类合成的第一种生物分子是尿素。时间并没有那么久远：它是由德国化学家弗里德里希·维勒（Friedrich Wöhler）于1828年制造的。尿素是在肝脏中从降解的蛋白质中产生的，然后经过肾脏过滤，成为尿液的主要成分（在尿液中的质量占比仅次于水）。像许多伟大的科学突破一样，维勒在偶然间通过混合并加热两种无机分子——氰酸铝和氯化铵，在实验室中制造出了尿素这种有机分子。“我可以在不使用人或者狗的肾脏的情况下制造尿素。”维勒立即向他的导师、化学家约恩斯·雅各布·贝尔塞柳斯（Jöns Jacob Berzelius）报告了这一成果。这一成果带来了巨大的影响：生物分子可以从矿物分子中获得，从而终结了所谓的“活力论”。活力论认为，生物分子拥有神秘而难以捉磨的生命气息。这项壮举标志着生物化学的诞生，自此以后，人类一直在大自然的地盘上“狩猎”，努力合成越来越复杂的生物分子。

你可能知道维生素 B12。这种封装在胶囊里的有机分子——无论是天然的还是合成的——都可以在附近药店的货架上找到。维生素 B12 并不由人体产生，也就是化学家所说的“合成”，但却对我们的新陈代谢至关重要：它参与大脑、神经系统和免疫系统的正常运行。维生素 B12 由微生物（主要是细菌和真菌）在自然界中制造，我们则通过食物摄取。牛肉、羊肝、兔肉和一些海鲜产品（如牡蛎或鲭鱼）含有丰富的维生素 B12。

维生素 B12 分子非常复杂，长期以来，在实验室合成似乎超出了人类智力的范围。然而，20 世纪 60 年代初，这个疯狂的计划却在两位真正杰出的化学家那无拘无束的大脑中生根发芽，他们是哈佛大学的罗伯特·伯恩斯·伍德沃德（Robert Burns Woodward）和苏黎世联邦理工学院的阿尔伯特·艾申莫瑟（Albert Eschenmoser）。他们付出了常人难以想象的艰辛，终于实现了这一目标：

来自 19 个国家的 91 名博士和博士后共同努力了 11 年，才完成了这一壮举。如果单独一位化学家准备攻克这座化学界的珠穆朗玛峰，那么他需要 177 年才能登顶。在 1972 年完成这项壮举之前，伍德沃德就因合成了自然界中存在的许多复杂分子，如胆固醇、奎宁、可的松和叶绿素，而获得了 1965 年的诺贝尔化学奖。

为什么会这么困难？请记住：通过混合乙醇和乙酸合成乙酸乙酯只需 1 个步骤，而合成维生素 B12 需要 100 个。100 个步骤才能得到这个分子的“圣杯”，看上去似乎并不繁杂。然而，我在前文强调过这一点：当化学家着手合成复杂分子时，他无法预先得知反应是否会成功，或者说很难预测。想象一下，你从分子 A 开始合成分子 Z，需要 25 个步骤。第一个反应很容易就成功了，这个反应可以让你的分子 A 转化为分子 B。但没有什么能保证将分子 B 转化为分子 C 的反应一次就能成功。现在考虑一下，经过数百次的尝试，耗费了大量的心血之后，你几乎完成了所有步骤，最后得到分子 Y。但是，你将分子 Y 组装成分子 Z（目标分子）的所有尝试都失败了。你的策略是错误的。面对这个结果，你很可能需要重新从分子 A 开始。没有人能保证新策略不会在某个时刻也陷入死胡同。你刚刚触及了伍德沃德、艾申莫瑟和他们的团队所从事的事业中面临的极端困难，而他们——就像我遇到的大多数化学家一样——永攀科学高峰的精神和极度乐观的心境时刻在激励着他们。

从那之后，类似的成就相继出现。下面就是其中一个例子，来自一位我熟识的化学家。1995 年，塞浦路斯裔美籍化学家基里亚科斯·科斯塔·尼科拉乌（Kyriacos Costa Nicolaou）和他来自美国加利福尼亚州拉霍亚斯克里普斯研究所（Scripps Research Institute）的 20 名合作者合成了短裸甲藻毒素 B（brévétoxine B），这是一种生长在墨西哥湾的藻类所产生的神经毒性防御分子。12 年的艰巨工作最终得到了一个分 123 步走的成功策略。尼科拉乌在这项发现几个星期之后写了一篇文章，他在文中幽默地回忆了这项发现的起源，并把它比作尤利西斯的史诗，在他前往伊萨卡的漫长旅程中不断面临“一连串的冒险和挫折”。

这两座由大自然设计的化学丰碑，尽管过程充满曲折，但确已屈服于科学的进攻之下；而有的化学结构我们却无法模仿，甚至对其有个整体的认识都做不到。这样的例子比比皆是，但其中有一个曾让我特别感兴趣，直到今天我都十分着迷。它的基本原理我们在初中就学过，它在我们周围无时无刻不在进行着，但还没有人能够解释它的深层机制。

如果把上面提到的两种分子比作绘画大师的杰作，那么光合作用就可以算是卢浮宫。不过，从表面上看，它的整个过程并不复杂。叶绿素——一种大量存在于植物叶片里的分子——可以吸收光。接着，空气里的二氧化碳（CO_2）会被一种专门的蛋白质捕获。一方面借助根部吸收的水，另一方面在光能的作用下，二氧化碳便被转化成糖类。从植物的角度来看，这个过程释放了废物：氧气。两种反应物——二氧化碳和水，在光能的作用下生成了一种新的物质。光合作用恰如其名：它是最具学术意义的合成过程，是一个超精密的微观化学实验，这个过程在植物界无处不在，同时也存在于某些所谓的光合细菌中。

光合作用，以及它对我的吸引力，是我职业生涯中的向导，在某种程度上也是我生命的引路人。自从我年少时第一次在树林里冒险以来，我对植物的好奇心从未消退过。随着时间的推移，这种好奇心变成了在办公时间之外对园艺的热情。光合作用与生物体中其他的合成过程不同，它的独特之处在于，光合作用是从光而不是养分中汲取所需的能量。从这个角度来看，植物的萌发是一种真正无与伦比的现象。在种植植物带给我的所有乐趣中，没有比种子萌发更让我感到惬意的了。想一想：

看到一粒小小的种子，通过从阳光中汲取的能量成长为一株雄伟的植物，这种奇迹令人叹为观止。

我不止一次地利用我在国外的活动来维持我对园艺的爱好。2009—2012 年，我在芝加哥北郊的西北大学（Northwestern University）担任兼职教授。与美国的大型大学一样，西北大学的校园就是一个绿色的伊甸园，与法国最漂亮的公共公园相比，有过之而无不及。密歇根湖畔就像画一样美丽，沐浴在这样的环境里，种类繁多的树木迸发出勃勃生机，其中不少树木轻而易举地就长到了 30 米高。我喜欢在校园里散步。上次来这里的时候，我在去化学系路上的一棵树下捡到四五颗大种子，并塞进了我的手提箱。法国法律禁止从国外进口植物种子，但我冒了这个小风险。当我乘飞机降落在巴黎时，法国海关将我放行。我在斯特拉斯堡的花园里种下了我采集的种子。让我欣喜的是，它们发芽了，长成了两棵大约一米高的小树。之后，我把它们运到意大利，我在那里有一所房子，那里的花园更大，冬天也没那么寒冷，应该更有利于它们的生长。如今，这两棵树已经有 4 米多高。我有一位朋友弗雷泽·斯托达特（Fraser Stoddart），他的助手帮我确定了这个物种：这种树叫美国皂荚（honey locust），一种可以生长 150 年、长到 25 米高的树！

地球上的生命出现在 40 亿年前，这种认识似乎很合理。但不幸的是，我们对这一时期非常古老的生物——古菌、细菌和它们的祖先——知之甚少。不过，蓝藻似乎是第一种能够进行光合作用、生成氧分子的生物。这一重大事件可能发生在 24 亿年前，由此给大气带来了深刻变化。紧随其后的是植物的光合作用，与我们今天所了解的很接近。如果没有光合作用这个独一无二的产生氧气的过程，人类将永远留在进化的盒子里。氧气这种特殊的气体具有独特的性质，其中最重要的一种性质是氧化性。氧气通过呼吸道进入我们的血液，“燃烧”食物，从而产生我们新陈代谢所需的能量。此外，它几乎不会与周围的分子混合，这样它就很容易被我们的身体所吸收。最后，在专门的酶的作用下，它的氧化性在室温状态而非极端温度下就能显现。

植物并非为了我们的愉悦或者为了减少温室效应而将二氧化碳转化为氧气。氧气的释放是一种结果，氧气是光合作用化学反应产生的残余物，而我们则巧妙地加以利用。对于植物来说，更对自己有利的挑战在于制造它们生长所需的东西：糖类、脂肪和其他化学成分，它们最终形成叶子、树干和花朵。

让我们进一步探讨光合作用的内部机制。叶绿素分子因为是绿色的，所以首先吸收的是太阳辐射出的一部分光子。叶绿素是一种色素分子，这绝非巧合。如果叶绿素是透明的，光子就会直接穿过，直到撞击地面。故事就此结束，再见，动物，再见，人类。而如果叶绿素是黑色的，那么它就会捕获所有撞击到它的光子。为什么大自然没有做出这种贪婪的选择？因为这并没有用，一小部分光子足矣。在太阳光谱中，叶绿素只利用了某一部分波长的光。与人体的皮肤一样，叶绿素不喜欢太过强烈的紫外线，它借助一种天然防晒剂来保护自己，与超市里售卖的防晒剂作用相同。除紫外线外，被捕获最少的光对应的是绿色。这部分光没有被吸收，而是被反射到我们的眼睛里，因此叶片在我们看来是绿色的。

一旦完成了第一步，光合作用真正的杰作就开始了。我接下来将对整个过程加以简化，但即便如此，我们也可以从中领略到光合作用那令人惊叹的复杂性。得益于光敏天线色素，光子会把叶绿素分子中的一个电子从原有的轨道推到另一个能量更高的轨道。这就是叶绿素分子的光激发。处于激发态的叶绿素分子很容易就把自己的能量转移至天线中的另一个分子，这一过程随即扩展到大量参与“能量转移”的分子上。在这个传输过程中没有能量损失，因此，天线吸收的能量能传送很长的距离。这种能量转移是必要的，因为只有在天线分子的激发态到达其目的地，即反应中心中一个非常特别的叶绿素分子时，真正的化学反应才会开始。当这个分子与另一个相同的分子配对时，即进入激发态，成为一个强大的“电子供体”，化学反应由此开始。电子首先转移到反应中心的另一个叶绿素上。在此过程中，这个电子会被推到另一个轨道上，该轨道因此携带上一个负电荷。这个逻辑的结果就是：失去电子后，空出的轨道带正电荷。这个过程称为电子转移，对于化学家来说，这就是激发现象的同义词。

这些正负电荷分开后会怎么样呢？直觉告诉我们，它们会彼此吸引，立即重新结合。如果是这种情况，这个过程所产生的能量只会变成热量释放出来，没有任何意义。事实与此相反，这两种电荷将逐渐远离彼此，这正是光合作用如此惊人的原因。这里的距离单位不是以千米计的，它们相互远离的距离仅相当于十亿分之一米。

这种分离会导致一连串的化学反应发生，就像弹珠撞倒多米诺骨牌一样。一系列非常复杂的化学反应会将植物中存在的水变成氧气。对于负电荷来说，它用于将环境中的二氧化碳转化为糖类，这是构成植物有机组织的原料。

这个过程这样解释下来似乎并没有那么复杂。然而，如果我们了解其中主要的步骤就会知道，在构成反应中心的分子工厂的核心区域，发生的反应复杂至极，尽管我们有各种各样的技术手段，但化学家还远远不能在实验室中重现这一过程，甚至都不知道重现这个过程有什么意义。想象一下，一个水分子中只有三个原子，而反应中心的原子有一万多个。我们很清楚地了解这个过程，了解原子的性质和排列，了解这样或那样的蛋白质在固定化学元素或通过这条微观产业链传输电荷中所起的作用。这是一张曲谱，我们认识里面的音符，但就是无法复演。一切发生得都太快了，一切都保持着一致的步调，其中展现出的极度和谐与精妙超出了我们的理解能力。我们缺少一个乐团的指挥，只有他才能引出那几乎听不见的八分音、那转瞬即逝的静默，以及那难以捉摸的颤音。大自然编排了一首交响乐，而我们只能吹吹口哨。

直到 1985 年，我们才亲眼见到了反应中心并解开了一部分谜团。这本身就是一项壮举。这要归功于由约翰·戴森霍费尔（Johann Deisenhofer）、罗伯特·胡贝尔（Robert Huber）和哈特穆特·米歇尔（Hartmut Michel）领导的德国生物化学和晶体学团队。他们强大的 X 射线衍射技术可以一个原子接着一个原子地揭示反应中心的结构，并用三维模型模拟这种复杂结构的轮廓，其外观或多或少类似于一团皱巴巴的纸。这其中的技术挑战无疑是巨大的，诺贝尔奖委员会也很清楚这一点：1988 年，诺贝尔化学奖共同授予这三个人。瑞典皇家科学院在新闻稿中表示，这是理解“地球上最重要的化学反应”决定性的进步。我找不到更好的表达方式。对我来说，读到这篇文章，看到文章中的插图是一个激动人心的时刻。我周围的生物学家理解不了我的热情，惊叹于我们已经能够很好地呈现出来的东西有什么意义？我的兴奋超越了纯粹在科学方面的考虑，这是一种罕见的情感，是一种深入了解大自然隐秘的感觉。

迄今为止，光合作用的谜团还没有被完全解开。还有一把锁把人类科学挡在了门外，这把锁就是这种化学的“活力”，这首欢腾的分子交响乐，它以一种我们无法捉摸的速度和精度演奏着。

这种惊人的运动在微观的原子尺度和宏观的宇宙尺度上都从未停止过。

这种躁动的本质正是我和我的团队在一定程度上模仿出来的东西。

第三章

反向引擎

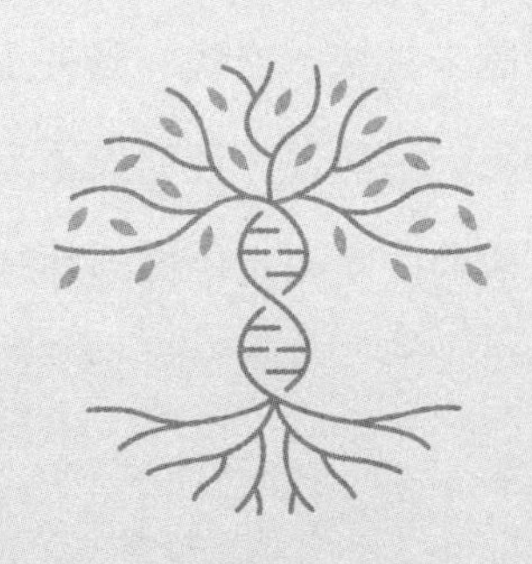

运动是自然界的常态，也是我职业生涯的核心主题之一。运动的倾向并不局限于可观察的世界，甚至不局限于生命世界。在我们体内和体外，运动无处不在，无时不在。

得益于美国天文学家埃德温·哈勃（Edwin Hubble）在 20 世纪 20 年代初的研究工作，我们知道宇宙在不断地膨胀。这本身就已经很令人震惊了，更让人惊讶的是，我们还知道宇宙从大爆炸以后就一直在膨胀，并且这种膨胀的速度越来越快。当代一场关于宇宙膨胀速度的辩论引发了专家们的热议，长期以来爱因斯坦就不接受这一论点，但他的广义相对论模型却预测到了这个结论。根据哈勃望远镜在2011年的观测结果，哈勃常数被确定为74千米/（秒·百万秒差距），这一比例常数表示观测到的星系速度随着距离增加而增加。换句话说，这种现象需要在无穷大的空间里才能观察到。在同一个星系内，两个天体之间的距离太“近”，因此无法真正察觉到这种膨胀。与此同时，行星、恒星或星系都在按照万有引力定律运动。宇宙的膨胀在这里展现出它的意义，它的效果与引力相反：如果没有膨胀，引力很快就会将天体相互吸引到一起。和通常情况一样，大自然做得很好。

在物质世界的另一端，即无限小的世界中，物理世界也不是静止的，并且完全没有静止的意思。原子尺度上适用的规则是量子力学。我不在此处详述，因为这既不属于我作为化学家的研究范畴，也不是一个化学家能够观测的尺度。我在这里仅仅十分简略地回顾一下海森堡不确定性原理：原子和亚原子等基本粒子处于永恒的运动中，但我们无法同时确定它们的速度和在空间中的位置。这种量子扰动极其难以察觉，因此不属于分子化学家的研究范畴。

在上一层尺度，即在我更熟悉的分子尺度上，混乱程度并没有减少，但更容易测量。在这个层面上，分子可以分为两类：惰性分子和构成生物体的分子。这两种分子都在不停地运动，但第一种分子的运动是随机的，第二种分子的运动则会对定向和随机的运动做出反应。

惰性分子在热能的作用下运动，因此它们也不是完全不活动的——这一点不言而喻。热运动存在于所有尺度，但它对纳米或微观物体的影响比对可观察的宏观物理世界或太空中的天体的影响要大得多，在这些宏观物体上，引力的作用远远超过热运动。只要温度在零开尔文以上，就存在热运动。零开尔文更广为人知的名称是绝对零度，或 –273.15℃。在这个温度以上，分子和更小的粒子都会运动。这种运动肉眼无法察觉，但在显微镜下却完全可见：我们观察到，粒子的运动就像没有收到信号的电视屏幕里显示的“雪花”一样。这种由热能引起的运动称为布朗运动。这种运动完全随机，因此不可预测，每个粒子与其他粒子相互碰撞而偏离原来的轨迹，就像处在一个巨大的弹球机中一样。一位物理学家提出了一个更为恰当的类比来说明这种受随机性影响的混沌：化学家研究的分子与其他分子——比如一种溶剂的分子——混合时，受到的干扰就好像它们沉积在一座山上，不断地受到雪、冰雹和风的挤压撞击一样，足以让它们变形，甚至把它们分离。

为什么这种分子运动不会出现在宏观尺度上？为什么一张桌子或一滴水在分子层面运动得如此激烈，但整体却似乎是固定不动的？因为桌子和水滴都是对布朗运动不敏感且热力学稳定的宏观物体。简言之，构成桌子和水滴的分子结构是形成这些分子的原子之间能量交换的产物，有热能，还有电能和化学能等。当这些交换让所有在场的各方都满意时，我们就说结构达到了热力学平衡点。换句话说，它不再进化，也不与环境发生化学相互作用。尽管在表面之下仍存在微观运动，但这种平衡在我们人类的尺度上呈现为一个固定的整体。

热能也会对生物体的分子产生影响，在这一点上生物体和非生物体并没有区别，但存在其他驱动力大大降低了布朗运动的重要性[一]，这种驱动力来自能够自己移动并让周围其他分子移动起来的分子。但这一次没有留下随机性的空间：它们被编排朝着一个方向前进，以实现一个非常具体的目标。它们的名字——马达蛋白质——说明了这种独特的能力。它们存在于生物体的每一个细胞中，就像真正经过编程而能够自主运行的机器，完成分配给它们的任务。

㊀ 某些称为“布朗棘轮”的生物过程可以引导和利用热能用于特定目的。为了清楚起见，以下部分不再提及。

在这一类蛋白质中，有两种蛋白质能让我们一睹这项难以置信的生命工程。

你可能听说过其中的第一种：驱动蛋白。你甚至可能已经看到过这种蛋白质。2006 年，一段按照哈佛生物实验室的说明制作的 3D 动画视频在互联网上流传，被人们广泛分享。在动画中，我们可以看到一个计算机模拟的驱动蛋白，背上携带着一种内啡肽激素，就像奥贝利克斯搬运石柱一样[一]。这就是驱动蛋白的工作：在我们细胞里所有的移动蛋白质中，驱动蛋白发挥着“运输工人”的作用。这段视频很好地展现了这段重组序列的美：驱动蛋白就像一个走钢丝的人，在一根细细的分子管上保持着平衡，似乎在往前走，它的形状和运动的方式让

[一] 奥贝利克斯（Obélix）是法国漫画家勒内·戈西尼（René Goscinny）和阿尔贝·乌代尔佐（Albert Uderzo）于 1959 年创作的漫画《阿斯泰利克斯历险记》中的漫画人物。奥贝利克斯的形象是一个四肢发达的高卢大力士，与好朋友阿斯泰利克斯一起，抗击罗马的入侵。——译者注

它看起来真的就像是交替着把一只脚放在另一只脚的前面一样。这并不是想象出来的景象：如果我们能在显微镜下观察驱动蛋白工作，这就是它呈现在我们面前的样子。不过，要注意的是，驱动蛋白并不是在步行，而是在短跑。如果把驱动蛋白放大到一个人的大小，并给予它全部所需的能量，而它搬运的“货物”又不太重的话，那它可以每秒跑一百步，这是大约 300 千米 / 时的冲刺速度。

那么，是什么力量让驱动蛋白发挥作用的呢？是什么能量让它能够如此快速地移动？

答案就在它的“脚”[1] 上：ATP（三磷酸腺苷）和负责产生这种物质的酶——ATP 合酶。

想象一台反向运行的内燃机，它可以生产燃料。第一个分子，ADP（二磷酸腺苷），相当于在传统内燃机

[1] 驱动蛋白“行走”的部分实际上对应于它的两个“头”，而不是“脚”。

中氧化（燃烧）汽油产生的二氧化碳和水，进入位于蛋白质之间的空隙中，这些蛋白质构成“定子”的六种基本成分。然后，ADP 被转化为 ATP，这种形式与内燃机的重组燃料相当。请注意，进行这种转化所需的能量是由质子穿过膜（作用有点像蓄电池）提供的，质子穿过膜使 ADP 转化为 ATP，从而将静电能转化为化学能。然后，ATP 供给酶使用，满足细胞的各种需求。说话、思考、跑步、拿起餐桌上的盐瓶……我们所有动作和行为的起点都是 ATP 合酶产生的 ATP 提供的驱动力。这是一个永不停歇的过程，一个不分周末和节假日的生化工厂：每天，我们的细胞都要产生相当于我们体重的 ATP 并消耗同样多的 ATP。

将 ATP 合酶这种分子气体工厂类比为发动机并非只是为了科普。自 1997 年以来，得益于由吉田贤右（Masasuke Yoshida）带领的日本生物化学团队以及其他人的非凡工作，我们认识到这种蛋白质的外观和确切的运作方式。吉田贤右的团队直接观察到了这一生物学的奇观，并通过视频将这一场景永久地记录下来。这一发现对包括我在内的生物学家和化学家群体来说是一个视觉冲击：这是一台旋转发动机。就像一种自动研磨机，但与我们的水磨坊或者飞机螺旋桨不同，它围绕垂直轴旋转，因此产生水平方向的旋转运动。这种运动可以在两个方向上进行：从左到右，或者从右到左。这归功于棘轮，它可以根据需要向一个方向或另一个方向旋转：在一个方向上是合成 ATP，在另一个方向上则是水解 ATP。但与我们汽车的发动机不同，大自然十分注重环保：在链条的末端，ATP 被回收成 ADP，就好像连接排气管和油箱的管道能够回收二氧化碳和水，把它们变成燃料一样。

就像光合作用一样，在 ATP 合酶核心部分的化学反应同样协调同步得十分完美，我们远远无法复制下来。

也许在这种分子之间错综复杂的联系中，隐藏着生命保守得最好的一个秘密：让分子运动起来的化学算法。正是因为有这种“程序化”和定向传动的想法，科学家有时会用马达蛋白质之外的另一个术语来指称 ATP 合酶和驱动蛋白。

生物分子机器。

第四章

基础之父

我的继父是对的。我考上了预备班，被斯特拉斯堡的克莱贝尔高中（Lycée Kléber）录取了，这是我决定扎根的城市。我四处漂泊的童年可能拓展了我的思想，赋予了我一定的适应能力，但它夺走了我可以停靠的港湾，没有一个地方能让我有家的感觉。就在高中会考之前，我告诉父母，他们尽可以一次又一次地把行李打包又拆包，但我再也不会离开阿尔萨斯的首府。他们记下了我的话，然后搬到下莱茵省（Bas-Rhin）的一个乡村小镇伊滕海姆（Ittenheim）住了几个月，然后在我进入预备班的时候，他们又搬到斯特拉斯堡定居——但也只住了一段时间。

我又一次成了住校生，但这一次，我们享有很大的自由。我们住的是单间，除了深夜宵禁之外，我和我的同学们完全可以自由活动。预备班的优秀果然名不虚传，我在这之前都还不知道，繁重的学业和老师的催促，让人感到压力巨大。我的好成绩帮我抵挡住了这种压路机般的重压。我的数学成绩最好，并且说实话，数学也是我最喜欢的学科。对我来说，好成绩和兴趣是密不可分的。我喜欢做头脑游戏，喜欢亟待解决的问题带给我的挑战，如果乍一看似乎很深奥，我就更喜欢了。然而，预备班里教的化学极大地降低了我对这门学科的兴趣。实验和操作的乐趣似乎不够高贵，让位于单纯的理论探讨和只需要最低限度推理能力的习题。计算溶液的 pH 值有什么好玩的？这是一种法国式的“病症”，在当时正处于鼎盛时期。它偏爱定量的方法，这在老师改卷子时自然很方便。

周末，我有时会自己找课外数学练习做，这样我的神经元可以满负荷地运转。在其余时间，我特别喜欢听音乐，这种热情是我在年少时培养起来的。也许是受我生父的影响，我在很小的时候就对爵士乐感兴趣，尤其是艾灵顿公爵（Duke Ellington）和约翰·克特兰（John Coltrane）。我的生父后来逐渐转向为法国广播电视台（ORTF）的节目创作片头和片尾曲，事实证明，这项工作回报颇丰。我对当时席卷社会的“耶耶”浪潮并不感冒，反而更喜欢阿特·塔图姆（Art Tatum）、奥蒂斯·斯潘（Otis Spann）和孟菲斯·斯利姆（Memphis Slim）的钢琴布鲁斯，这种对美式文化的喜好也反映在我喜欢阅读福克纳（Faulkner）、海明威（Hemingway）和考德威尔（Caldwell）的作品上。在电影方面，我是新浪潮的拥趸，戈达尔（Godard）自不必说，还有特吕弗（Truffaut）和路易·马勒（Louis Malle）。路易·马勒的经典之作《通往绞刑架的电梯》（*Ascenseur pour l'échafaud*）和迈尔士·戴维斯（Miles Davis）为其创作的配乐至今仍在我的“万神殿”的顶端。大多数时候，在城里散散步就足以满足我喜欢沉思的气质：我漫步在斯特拉斯堡，路过这里的大教堂、博物馆，还有学校附近的克莱贝尔广场（Place Kléber），这证明了我把斯特拉斯堡作为第二故乡的决定是正确的。

预备班第二学年伊始，鉴于我优秀的数学成绩，我的老师鼓励我选考数学物理方向的数学专业，主要准备综合工科或者路桥类工程师学校的考试，这些学校的学生是科学精英的代名词。当时，预备班的学生是这样分流的：最优秀的学生必须学数学，好学生学物理，成绩一般的学生可以试试化学，而最一般的学生就去学生物。这种分流十分具有讽刺意味，是对学生的污名化，并且，老实说，这种行为非常愚蠢。这类分流属于另一个时代，充满了法国特色，但我担心的是，直到今天情况仍然如此，至少在一定程度上是这样。

我对自己想从事的职业还是没有一个清晰的概念。

我愿意接受建议，不过，尽管我对预备班的课程感到失望，但化学仍然是我最心仪的选择。我在家的地下室里第一次做化学实验的感觉一直存留在我的记忆里，从未消失。我希望从事研究或者工业生产，重拾一窥大自然隐藏在长袍之下的秘密的乐趣。我和我的老师们说了这个想法，但他们却觉得我缺乏雄心壮志，你本可以搞物理或者数学，搞化学有什么意义？甚至我的物理化学老师也不鼓励我继续朝这个方向学习。我面临的压力很大，我也害怕让别人失望，但我不认同他们强加给我的目标。我决定相信自己的直觉，在第二学年选择了物理化学方向。

实际上，另一个更个人的因素在其中发挥了重要作用。这一点我没有告诉老师们，因为我觉得他们会认为这个想法无关紧要，甚至不成熟：我想不惜一切代价留在斯特拉斯堡。一想到我刚埋下的牵绊之根就要被拔出来，我就无法忍受。然而，在斯特拉斯堡有一所领先的化学工程学校——斯特拉斯堡国立高等化学学院（École Nationale Supérieure de Chimie de Strasbourg，ENSCS）[1]，当时隶属于斯特拉斯堡大学（Université de Strasbourg），其知名度不亚于最直接的竞争对手——巴黎国立高等化学学院（École Nationale Supérieure de Chimie de Paris）。我爱好大自然，想要探寻大自然的奇观，这里正好符合我的胃口，于是我也不再拖延。老实说，我这时都还不知道从事化学工作究竟意味着什么。不过，我有一种直觉，这个专业所涵盖的职业多种多样，总能找到某个职业能够满足我喜欢做实验的爱好。

我报名参加了两三所学校的考试，但只有斯特拉斯堡国立高等化学学院的成绩才是我真正关心的。我并没有感到多大的压力。我曾经对化学缺乏兴趣，这与预备班特殊的教学方式有关，但这并没有影响我在这门学科

[1] 现为斯特拉斯堡欧洲化学、聚合物与材料学院（ECPM）。

上取得好成绩。无论如何，在考试中回报最大的，仍是在数学、物理和化学三大科学学科中表现优异的学生。也多亏了一次极端痛苦的物理练习——我相信我们中很少有人做完了题目，我在大约 1500 名考生中成绩名列第一。在得知成绩之前，我就泰然自若地和朋友一起骑着摩托车度假去了。我们到达戛纳海岸的露营地，搭起帐篷不久，就有一名工作人员拿着电报来找我。告诉我这个好消息的是我的母亲，她和我的继父当时已经搬到了巴黎地区。

1964 年开学，我拿着奖学金进入了斯特拉斯堡国立高等化学学院。我的直觉是正确的。从第一年开始，预备班里让人昏昏欲睡的定量教学方法就被抛之脑后，取而代之的，是令人兴奋而又实实在在地沉浸于其中的化学反应的核心——分子科学。原子课程将我们带入量子力学理论的大熔炉之中，而无机化学则让我重拾实验的乐趣。对化学元素周期表中的元素及其相互作用的深入研究最终落实到实验室里的操作。我们领略到了磷的爆炸性化学反应，发现了液氮（–196℃）的瞬间冷冻能力——教授和助手把鲜活的蚯蚓浸在里面。大多数被冻住的蚯蚓在回到室温环境下慢慢地回暖之后，又奇迹般地活了过来。看到这种场景怎能不让人心生惊叹？我迷恋于在分子水平上研究我们这个世界，以及掌控这个世界的化学反应之谜，这份痴迷愈加浓烈。从第二年开设的有机化学课程开始，这种爱好变成了我的职业选择。

就像那些并不知道自己要做什么的科学家故事一样，一位老师在后来扮演了催化剂的角色。这位老师的名字叫居伊·乌里松（Guy Ourisson），他是我们的有机化学老师。他时年 39 岁，同时是教学和研究人员，是教师队伍中的标志性人物，是天然物质合成和研究领域的新星，他的美誉早就超出了学校的范围。他是巴黎高等师范学院的学生，20 世纪 50 年代初进入哈佛大学攻读博士学位，致力于研究萜烯。萜烯分子由碳原子和氢原子组成，是构成植物树脂并赋予其香氛的分子。这种跨大西洋的交流在当时极为罕见，因此也是他独一无二的标志。他周六早上 8 点的课总是爆满：即使是公认的逃课王和周五晚上社交活动频繁的夜猫子也不会错过。他的课就像一场单人秀。他带着淘气的微笑，围着桌子转圈，以此来说明一组原子的旋转方式。一天早上，他在那里模仿亲核取代反应：你看，一个分子在那里变形，另一个分子则来到这里，突然，“啪”的一声，它们结合在一起，整个系统重新进行排列。这不仅是一场令人愉快的演出，它更让每个人都理解了其中的原理。与这种热烈的交流相对的，是在各种情形下都能保持的严谨态度，甚至不惜推翻自己说过的话。“好吧，上次我对你说了一些蠢话，我们再来看看。”他在上课的开场白中说道。他的魅力、他对斯特拉斯堡大学的投入以及他对周围人的深深尊重，让他在 1971 年很自然地成为路易 – 巴斯德大学

（Université Louis-Pasteur）[㊀] 的第一任校长。这是一所科学和医科大学，是构成当时斯特拉斯堡大学综合体的三个组成部分之一。

乌里松曾是另一位杰出教师——让 - 马里 · 莱恩（Jean-Marie Lehn）——的论文指导老师。莱恩 26 岁时就当上了教授，这在当时是非同寻常的，在今天更是无法想象。他教授光谱学，这是一门化学和物理交叉的学科，旨在采用复杂而新式的技术对分子进行研究。他是核磁共振——用于医学的核磁共振成像的起源方面的专家。物理学家对核磁共振的利用卓有成效，但在化学领域，它的使用还处于起步阶段。核磁共振将成为一项研究各种化合物、材料和复杂生物系统极其强大的技术。我与这位只比我大 5 岁的杰出人才相遇，恰逢我的学业出现小空窗的时候。第二学年的重点是技术类课程，比

㊀ 即斯特拉斯堡第一大学。

如冶金和电子。这是情理之中的：毕竟，这所学校颁发的是工程师学位，哪怕化学在这里占据中心位置，课程也保留了多学科的特色。这一切都深深地困扰着我。为行动而行动不会让我感到高兴。对我来说，具体的实验是通向认知的一种方式。这是一种阐明我不能理解的现象，或者对解释的某种假设进行验证的方法。我喜欢发现而不是应用，喜欢揭示而不是复现。我对当工程师并不感兴趣。在这里，我只得到了一个教训：我必须从事基础研究。

从第二学年开始，我在让 - 马里的课程之外与他走得很近，以便在毕业后能让他指导我攻读博士学位。他为人谨慎，但又热情且平易近人，尽管他当时已经光环加身。我觉得，我打交道的这个人并非天才，他只是对科学充满热情。只要是他认为值得关注的问题，讨论的时间很快就会延长。在第二次交流时，我们就很自然地相互以“你”相称了。我告诉他，我对他教学的内容和他研究的问题十分感兴趣，更广泛地说，他研究的是物理有机化学。让 - 马里知道我第一学年的成绩名列第一，十分坦然地接受了我私下的邀请。

我将来能与让 - 马里·莱恩合作，这个前景很美好，但对我当下的学业产生了负面影响。我本来就对工程师科目提不起兴趣，而现在，这些科目的成绩干脆一落千丈，我的总体学业水平也随之下降。我不重视这些学科，我的老师也觉得无所谓，他们和我一样，深信我显露出的禀赋更适合从事基础科学研究。在第三学年，我翘了好几门课，却并没惹上什么麻烦。我没有掩饰我对电气工程学毫无兴趣，在这门课期末考试之前，我找到老师，和他协商了一个折中的办法：如果他同意给我 3 分（20 分制）——一个不至于让我无法毕业的分数，那么我承诺会一直待在考场里，直到考试结束。老师同意给我这种恩赐。我信守了诺言，他也是。当铃声响起，我站起身来，带着会心的微笑向他打招呼，而他也回敬了我一个同样狡黠的微笑。

我顺利地度过了第三学年，终于拿到了化学工程学位，莱恩立即同意我去他的实验室并指导我的博士论文。我非常兴奋，提议 1967 年 8 月就去报道，而不是通常规定的 10 月。他自己不知道“假期”为何物——今天仍然如此——当然也不觉得我提前去有什么问题。与斯特拉斯堡化学学院一样，莱恩实验室位于斯特拉斯堡大学中央校区 15 层的“化学塔”内。大学本身建在历史名城门口的滨海艺术中心。我畅想了一下，完全无法想象这个研究实验室的内部会是什么样子，更不用说在那里工作的人的日常生活了。其实，探索实验室如何运作的乐趣，以及成为其中一员的自豪感，就已经足以让我感到幸福了。

还有一个重要问题要解决：我的论文主题。莱恩从事的化学领域与物理结合十分紧密，还需要强大的数学技能，这两个领域我都很擅长。他的团队利用核磁共振开发出新的观察技术，有望揭开当时鲜为人知甚至尚未探索的分子特性和化学反应的面纱。通过合成创造分子结构还不行，但这并没有让我失望。利用这些创新工具清理或者开辟出一片无人涉足的研究领域，足以满足我探索物质运作的愿望。

我当时并不知道，莱恩很快就会有别的计划。

第五章 空穴伯爵

1967 年春，就在我进入莱恩实验室的前几个月，他被《美国化学会志》（*Journal of the American Chemical Society*）上刊登的一篇论文所震动。这篇文章展示了杜邦公司（DuPont de Nemours）的工程师的一项发现。杜邦公司是一家美国跨国公司，玻璃纸塑料薄膜、冰箱里的制冷气体和许多合成纺织品（如尼龙）都出自这家公司。62 岁的查尔斯·佩德森（Charles Pedersen）并不为科学界所知，他即将载誉退休，计划过上钓鱼观鸟的退休生活。此时，他正在进行一些合成实验，希望开发出新的塑料材料。他失败了一次又一次，这让他的上级十分不满，对他的工作也越发冷淡而无视。佩德森没有得到他希望出现的创新材料，但却从反应缸里得到了大量小颗无法识别的白色晶体。上级督促他快点翻篇，但他却置若罔闻，反而更深入地探究下去，他意识到自己合成了一种未知的环状分子，能够识别某些离子（原子或原子团得失电子后形成的带电微粒），并将它们固定在自己的孔状结构中，就像钥匙插进锁眼一样。

莱恩一直在寻找一条有意思的线索，他一看到这篇文章，就开始沿着这条非常有价值的线索挖掘下去。这些新的合成分子被佩德森称为“冠醚”（éther couronnes），因为它们的环形结构让人联想到国王的王冠。这种分子似乎能够实现化学家从古至今就怀揣的一个幻想：制造出能够模仿生物体特性的分子，在这项发现中，是能够以非常精细的方式识别和选择离子——例如钠离子或钾离子，或者能通过所谓的“弱”键，而不是经典分子化学的“强”键与其进行化学键连接的分子。

在我们的身体里，存在众多能够通过弱键“解锁”

其他分子，从而触发非常精确的化学反应的分子：被抗体识别的抗原会触发我们身体的免疫反应；被激素受体识别的激素则能释放它们的能量（胰岛素调节葡萄糖水平，生长激素促进细胞增殖等）；甚至我们 DNA 的双螺旋结构也建立在与被称为“氢键”的弱键相对应的分子结构之上。例子比比皆是。这也是青霉素等抗生素识别被细菌感染的细胞膜，并将细菌消灭的原理。说到底，这一发现让我们畅享制造出“被遥控”的分子，它们置身于百万千万个其他分子中，能够自行与被破坏的组装分子组装起来，并间接地产生我们所需要的反应。

我刚进实验室，莱恩分配给我的第一个任务就是重复佩德森在他论文中描述的操作，以此合成这种神秘的新分子。“我们要检验事情是不是真的像他说的那样。”他解释道。我着手开始实验，毫不费力地就收集到了白色的小晶体。但在莱恩看来，这只是火箭的第一级。佩德森合成的环是二维的，因此与离子形成的“络合物”

的稳定性较低（“络合物”是指冠醚环捕获离子时形成的新分子，无论这个离子是什么）。“你要更进一步，试着合成一种能够‘包裹’离子的三维分子骨架。据我所知，目前还没有人做到，你会是第一个。这就是你的论文题目，除此之外别无其他！”

可以想见，一个只有工程学文凭、年仅23岁的学生，在面对如此巨大的挑战之时，很可能会因为任务的繁重而感到茫然，甚至惊慌失措。但我并没有。当然，我会因为害怕让人失望而感到有压力，但与完成任务所激发的肾上腺素相比，这种压力算不了什么。此外，莱恩一直在我身边，这让我很安心。正如上面所说，我从来都不是一个对事业有着勃勃雄心的人，不追求显赫的职位或者荣誉。相反，当我踏入科研之地时，却对科学抱有极大的野心。小进步从来让我提不起兴趣。让我怀揣斗志、激励我一直前进的动力，是梦想着有朝一日，能实现科学上的伟大飞跃。如果研究的成果只是在金字塔脚下新添一块石头的话，那么，经年累月的努力又有什么意义？更何况，研究工作的最终结果并不确定。

我宁愿因骄傲而失败，也不愿因谦卑而成功。

莱恩的实验室充满了如家庭般的温暖氛围。当时，实验室里有五六个成员，有的是像我一样的博士生，有的则是研究助理。其中一位叫贝尔纳·迪耶特里克（Bernard Dietrich）的成员成了我的科学“兄弟”，也是我最好的朋友之一。他比我大四岁，曾在居伊·乌里松的团队担任实验室技术员，积累了丰富的经验。他从乌里松的团队辞职，加入了更年轻、更有活力的莱恩团队，同时继续攻读博士学位，增强竞争力。他是纯正的阿尔萨斯人，来自上莱茵河省，家境普通，那里的人们都大大咧咧的，这也难怪他嘴边总少不了笑话。

贝尔纳和我总是形影不离。他的技术知识远胜于我，因此能够评估我的合成技术并纠正其中的缺陷——我的缺陷还不少。我每天晚上开始做实验，而他则在第二天早上继续。我们的工作时间表是按照莱恩的习惯制定的，早上 10 点左右到实验室，晚上 11 点左右离开。即使在这么晚的时候，我们的小团队也喜欢在附近的酒吧喝上几杯啤酒，放松身心。莱恩已经结婚，有一个年幼的儿子，因此不常和我们一起喝酒，但也有例外的时候。

我和贝尔纳二人组形成了一个“分子”，新的“原子”开始聚集在我们周围。正是在这种情况下，我在 1967 年 12 月的一次晚餐上遇到了卡门（Carmen）。我的一位好友热拉尔·坎嫩吉塞尔（Gérard Kannengiesser）是她的表弟。卡门的家境优渥，她拿到哲学学士学位后，继续攻读考古学和艺术史。她就像是文化的源泉，她还热衷于文学、电影，而且兴趣远远不止于此。我立刻就被这个短发的小女人所吸引，被她感染力十足的热情和外向开朗的气质所迷倒。在过去的这些岁月里，我的自信心渐涨，我本人也变得机智起来。剩下的就交给化学了。四年后，我们结婚了。1975 年 7 月 13 日，小朱利安

（Julien）出生，我们成了幸福的父母。卡门对我始终如一的支持、宽容和她永恒不变的乐观，在我幸运星高照的职业生涯中发挥了不可估量的作用。我想在这里对她表达感谢之情。

在我们结婚之前发生了一件事情，改变了我这个年轻博士生的日常生活。就在贝尔纳和我研究三维冠醚差不多已经9个月的时候，1968年的五月风暴[㊀] 爆发了。我无须藏着掖着，我欣然接受了这股自由之风，它吹开了一个紧绷社会的枷锁。我向来不喜欢等级制度，也不喜欢社会关系和职业交往中经常遇见的那些刻板的层级，于是很快就适应了这股新风。斯特拉斯堡大学不是索邦大学，但它也是运动的大本营，成了“情境主义者”

㊀ 五月风暴是1968年5—6月在法国爆发的一场学生罢课、工人罢工的社会运动，起因是整个欧洲各国经济增长速度缓慢而导致的一系列社会问题。这次运动对法国乃至整个西方文化和思想界造成了巨大的冲击和深远的影响。——编者注

（situationnistes）的摇篮，他们震撼整个大学界的宣言“大学生的苦难”便诞生于此。我们也参与了集会。我天生不善言辞，很少在集会上发言，但喜欢参加这些旨在摒除权力等级、一切让思想做主的活动。虽然很少有冲突事件发生，但有一些过于激动的煽动者，因此我们晚上不得不在实验室周围进行巡视，以免我们的仪器和试管里的东西被人扔出来。除了少数个例之外，在我的记忆里，1968 年的五月风暴就像是一段洋溢着节庆氛围的插曲。

运动给我的工作造成了延误，而我同时又感觉很快就能完成任务，于是我缩短了假期。贝尔纳十分支持我，也做出了同样的选择。我们有充分的理由：我们在仲夏就能达到目标。我们成功合成了一种中部带有空腔，类似橄榄球形状的分子。这种分子长约 1 纳米（十亿分之一米），比一根头发的直径的三万分之一还小。我们的分子能够在某种化学屏障的作用下识别某些离子，并将其禁锢在它的中心。莱恩欣喜若狂，他决定将我们的分子命名为“穴醚”（cryptand）。一旦捕获了一个带正电荷的粒子，穴醚便会变成“穴醚络合物”（cryptate），这个带电粒子也因此失去了自由。当然，实验在第一次成功之后还必须进行确认，我们成功复现了同样惊人的结果。

1969 年 6 月，我们在一本英国专业期刊——对“有机”分子感兴趣的化学家都知道这本期刊——上发表了两篇各四页的文章，向科学界宣布了我们的发现。第二篇文章题为《穴醚络合物》（“Les Cryptates”），完全用法语写成。题目很简单，但却标志着我们开创了一个新的分子种类。莱恩建议我们用法语写作，贝尔纳和我也同意了，这是撼动英语在科学期刊中的霸主地位的重要一击。我们三个人的名字按字母顺序排列。文章对化学界产生了直接且波及全球的影响，余波持续了数年。这一点在我们的预料之中，这种认可让我们感到自豪。作为实验室主任，莱恩自然而然地得到了所有回报和相关荣誉。我和贝尔纳并没有因此心生怨恨。相反，我们非常高兴：正是得益于莱恩丰富的想象力，这个分子空穴的想法才得以产生。

对于各行各业的化学家来说，这一发现带来的直接或间接的应用前景都非常广阔，但其中许多对于外行人来说可能显得晦涩难懂。石油工业里的一个应用是最能说明问题的。钻井作业一直被一个反复出现的问题所困扰：油井经过一段时间之后，总会被难以清除的硫酸钙沉积物堵塞。我们轻松制造出一种能够捕获这些离子的穴醚。一旦被扔进油井，这些纳米笼子不会与井里乱成一团的分子发生反应，只有硫酸钙除外。这些笼子会急不可待地捕获硫酸钙，“堵塞物”因此便会溶解。石油公司对这项技术的可行性深信不疑，但十分谨慎，他们决定在采用我们的解决方案之前先进行测试。结果不出意外，一切进行得非常好。可惜的是，我们的分子价格高昂，这个工业项目成功不了。

这项研究极其成功地改变了我。直到今天，我也没有怎么谈论过这个问题。我不是一个自信满满的学生。我并不认为自己是一个绝对的失败者，但我总会看轻自己的价值和成果。当别人说我很好时，我只觉得还算过得去。一次成功，与其说是证明了我能力强，倒不如说是因为我运气好。我总对自己的成功感到惊讶，就好像我本应失败一样。在斯特拉斯堡化学学院度过的第一年，我甚至担心会留级，但却以第一名的成绩完成了学业。当我进入研究领域时，我仍然十分怀疑自己能否跟上进度。我的论文的成功为这些情绪画上了句号。除了重拾自信之外，我还发现了一个乐于分享、充满激励、洋溢着欢乐的专业领域，这让我的快乐放大了十倍，也许还提升了我的潜力。在我的职业和个人排行榜上，我把这一刻经历的刻骨铭心的幸福摆在非常重要的位置，这种幸福是随着我感觉自己有了用武之地而来的。我与贝尔纳·迪耶特里克牢不可破的友谊、我和卡门的相遇也成了我这段时期的美好回忆。

在随后的几年里，莱恩开始将穴醚的原理扩展到一系列越来越复杂的分子结构上，这些分子的特性越来越接近生物体中的复杂分子，能够识别、捕获、传输离子和越来越多的目标小分子。加州大学洛杉矶分校（UCLA）的美国化学家唐纳德·J. 克拉姆（Donald J. Cram）很快加入了这场长跑竞赛。1978 年，莱恩发表了一系列文章，首次将这一研究领域命名为超分子化学（chimie supramoléculaire），“supra”意为“超越”，似乎是为了着重强调这些由薄弱的化学键搭建起的大厦具有空前的特性。他既是这一领域的创始人，也是主要的贡献者。

1987 年 12 月 10 日，唐纳德·J. 克拉姆、让－马里·莱恩和查尔斯·佩德森因“合成模拟重要生物过程的分子”而获得诺贝尔化学奖。

1987 年 10 月 14 日是公布奖项的日子。中午时分，莱恩联系不上。不用说也知道，当时并没有手机。无奈之下，CNRS[一] 化学部主任把电话打到我在斯特拉斯堡大学的办公室，但我的办公室并不在莱恩的那栋大楼。他兴奋过度，这是有原因的：自 1935 年弗雷德里克（Frédéric）和伊雷娜·约里奥–居里（Irène Joliot-Curie）夫妇[二] 获奖以来，法国化学界就再也没有人获得过诺贝尔奖。“给我找到莱恩！诺贝尔颁给他了！给我把他找到！”主任喊道。

没有时间从这条消息带来的震惊中回过神来，我心跳加速，迈着大步走过分隔我们两个实验室的几百米路

[一] 即法国国家科学研究中心（Centre National de la Recherche Scientifique）。——译者注

[二] 弗雷德里克·约里奥 - 居里（Jean Frédéric Joliot-Curie，1900—1958）和伊雷娜·约里奥 - 居里（Irène Joliot-Curie，1897—1956），法国原子物理学家。伊雷娜是皮埃尔和玛丽·居里夫妇的女儿，弗雷德里克原姓约里奥，是居里夫人的助手。二人于 1926 年结婚，婚后弗雷德里克将姓改为约里奥 - 居里，以纪念“居里”这个伟大的姓氏。1935 年二人因“人造放射性同位素研究”获得诺贝尔化学奖。——译者注

程。莱恩的团队成员都在各自的岗位上。当我喘过气来之后，我高兴地与他们分享了这个消息，随之而来的是理所当然的兴奋欢呼。但还是没有找到莱恩的踪迹，他大概是去吃午饭了。一队人去街角的超市囤香槟酒。当我们回来时，莱恩还是没在。

此时，我的使命已经基本完成，但我不想错过莱恩得知这一消息的反应，他一生献身科学，诺贝尔奖就是最高的荣誉。

直到下午早些时候，他的身影才从实验室的前门出现，现场顿时响起了如潮水般的掌声和欢呼声。

多么值得回味的时刻。我激动地观察着他的神情，他先是被这种像迎接摇滚明星一样的热情所震惊，然后被这种热烈欢呼背后的原因所震撼，最后他的神情变得容光焕发起来。

在这之后，我留下来为他庆祝。我很高兴有机会见证这一历史时刻，在它萌芽之初，我曾做出了一点贡献。

就在我们揭示穴醚络合物的文章发表前几周，虽然我们对工作成果严格保密，但杜邦公司的负责人已经前往斯特拉斯堡拜访了让-马里·莱恩。这次会谈我也在场。莱恩的名气越来越大，风也吹到了这家美国跨国公司的高管耳朵里。莱恩曾经在美国做博士后研究，指导老师是 1965 年诺贝尔奖获得者罗伯特·伍德沃德。伍德沃德是合成维生素 B12 的人，前文我已经叙述了他的这一功绩。

在讨论中，杜邦的一位经理同意向我们透露了一个独家新闻：他们的工程师正在制备一种三维冠醚。“哦，是吗？”莱恩回应道，一脸的疑惑。这个男人被刺激到了，他抓起纸笔，急忙画出了分子的示意图。

“哦，我明白了。”莱恩回答说，同时把手伸进办公桌的抽屉里，从里面拿出一个装有白色晶体的小瓶子，展示给他的客人们看。

“我觉得您说的就是这个。”

第六章

博罗梅奥环

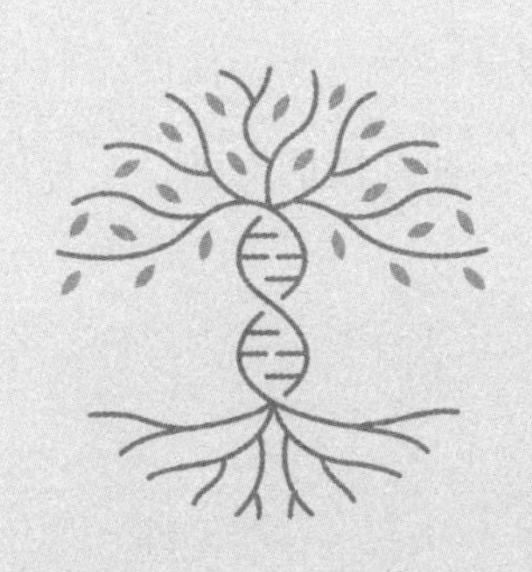

你可能对“机缘巧合”（serendipity）一词并不陌生。科学家发现他并没有在寻找的东西，就属于这个词描述的情形。换句话说，这个词指的是一个偶然的发现、意外的结果、一个错误或一个项目的出乎意料的进展，其结果和目标完全不同。

最著名的一个例子是亚历山大·弗莱明（Alexander Fleming）于1928年发现青霉素。每次做完实验，这位不爱收拾的英国生物学家就把培养细菌的培养皿扔在实验室的一个角落里。有一天，他度完假回来，发现有些培养皿上长出了一种奇怪的霉菌，一种周围没有细菌生长的真菌。

抗生素由此诞生。

佩德森合成冠醚的过程就完全符合这种情况。除此之外，在现代化学中，还有不少例子也取得了类似的效果。

1965年，美国生物物理学家巴内特·罗森伯格（Barnett Rosenberg）在研究电场对大肠杆菌（*Escherichia coli*）的影响时，发现大肠杆菌停止了增殖。他与其他科学家绞尽脑汁，最后才发现这种奇怪的现象与电场无关。实际上，电解池有两个铂电极，当通电时，这两个电极会慢慢地被腐蚀，然后少量形成一种早就为人所知的分子——顺铂（cisplatine）。这种化合物能够阻止细胞分裂。顺铂是一种抗癌分子，推动了化疗的产生，它的许多衍生物至今仍被广泛使用。

1985年，英国化学家哈罗德·克罗托（Harold Kroto）在两位美国同事罗伯特·柯尔（Robert Curl）和理查德·斯莫利（Richard Smalley）的协助下，开始深入研究红巨星的特殊大气层。简单来说，这三位研究者及其合作者感兴趣的是星际空间里的分子。他们在实验室里，尝试通过在氦气室中蒸发碳来产生这类分子。结果，他们在生成物中发现了一种含量很高的物质。经过多次讨论和实验，谜底被揭开。令这些研究人员以及全球科学界大吃一惊的是，他们获得的物质是一种包含 60 个碳原子的分子，外观像极了足球。这对所有的化学家来说都是一个巨大的冲击：当每个人都认为钻石和石墨是地球上唯二存在的碳形式时，柯尔他们却发现了一种新形式的碳。这种碳分子被命名为“富勒烯”（fullerène），一开始用于基础研究，后来也用于开发抗病毒和抗癌药物的医学研究中，他们三人也因此获得了 1996 年的诺贝尔化学奖。柯尔和斯莫利是微波方面的专家，他们一开始拒绝了克罗托提出的合作进行这项实验的建议，因为这与他们自己的研究领域相去甚远。

1967 年，一群日本科学家开始了一项合成“聚乙炔”（polyacétylène）的项目，目的是将乙炔转化为塑料材料。顾名思义，“聚乙炔”就是由许多乙炔分子结合在一起形成的“聚合物”。“聚合”是制造大多数塑料的一般性原则。一天早上，参与这项实验的一位实验室客座研究员在催化剂——负责加速反应的溶液——的用量上犯了一个错误：他倒入的溶液浓度是规定的一千倍。研究人员看到的不是预期会产生的黑色粉末，而是一张精美光亮的银膜。十年后，研究团队里的一位成员白川英树（Hideki Shirakawa）萌生了把这项发现与他在东京的一次研讨会上认识的两位同事——美国人艾伦·黑格（Alan Heeger）和新西兰人艾伦·麦克德尔米德（Alan MacDiarmid）——分享的想法。他们的进一步工作揭示了这层塑料薄膜具有惊人的导电性。导电聚合物意义重大，产生了无数衍生应用——从我们的平板电视的OLED屏幕到太阳能电池板。这在很大程度上证明2000年的诺贝尔化学奖授予这三个人是合理的。

这些故事远非全部，除此之外，我想冒昧地加上一个可能不太出名的故事，但结果同样令人愉快，而且我对它的经过非常了解，能够详细地说明。

这就是我的故事。

这个故事始于意大利，因为我的妻子卡门来自意大利。在我们结婚之前，20世纪60年代末，我们就经常前往位于马焦雷湖附近的伦巴第大区（Lombardie）。那是她的家乡。我爱上了这里像明信片照片一样的环境，它让意大利北部这个小地方像瑞士一样，还赋予了这里温和的气候和丰富的意大利文化。我们后来买下了湖岸边的一栋房子进行翻新。

湖中心有一串小岛，即博罗梅奥群岛（îles Borromées），我们每年都会去一两次。博罗梅奥家族就像美第奇（Médicis）家族一样，是意大利的传奇家族之一。15—16世纪，博罗梅奥家族发展到鼎盛时期，甚至还产生了一位教皇——庇护四世（Pie IV）[1]，于1559年当选。博罗梅奥家族是三个贵族联姻的结果：来自罗马的博罗梅奥家族，以及来自米兰的维斯孔蒂（Visconti）家族和斯福尔扎（Sforza）家族。三家决定在意大利半岛联合，此时的意大利分裂成各自为战的公国和城邦。

博罗梅奥家族在五座群岛中的两座上修建了两栋豪华的宫殿，家族的影响力和繁荣可以从中一窥究竟。这两座小岛分别叫作美丽岛（Isola Bella）和母亲岛（Isola Madre），宫殿都以博罗梅奥宫（Palazzo Borromeo）命名。在我和卡门第一次踏上浪漫之旅时，我们漫步在壮

[1] 这里原文有误。庇护四世原名若望·安杰洛·美第奇（Giovan Angelo Medici），出身卑微，与显赫的美第奇家族并无亲缘关系，也并非出身于博罗梅奥家族。但庇护四世的妹妹玛格丽塔·美第奇·迪·梅莱尼亚诺（Margherita Medici di Marignano）嫁给了博罗梅奥家族第七代伯爵吉贝尔托二世·博罗梅奥（Giberto II Borromeo），他们的儿子，即庇护四世的侄子嘉禄·鲍荣茂（Carlo Borromeo）被擢升为枢机，并于1610年被教皇保禄五世（Paulus PP. V）封为圣人。——译者注

丽的挂毯和大师的画作周围，我很快就发现了刻在两座建筑的石头外墙上的王朝纹章符号。这个标志就如同我们既熟悉又陌生的那些家族标志，外形有点像凯尔特人的三曲腿图或者埃及的生命之符。我们可以猜到这其中有着神秘、甚至是不为外人道的意义，但却无从知道它的含义或起源。这个标志就是博罗梅奥环（anneaux de Borromée）。

我很难准确地解释为什么，但这种交织在一起的三个圆环，代表着三个家族当初的联姻，让人想到基督教的三位一体，呈现出视觉上的平衡，散发着一种简约的美感。从某种意义上说，它立刻把我吸引了。这是一个所谓的“不可能”物体，有点像专门从事视觉错觉的设计师莫里茨·科内利斯·埃舍尔（Maurits Cornelis Escher）绘制的楼梯，我们无法判断它是向上还是向下。同样，博罗梅奥环欺骗了我们的大脑，因为虽然它们可以被绘制，但它们无法在二维空间中复现，比如用纸条。

这个符号已经成为专家们所熟知的数学对象，属于拓扑学的研究领域。拓扑学诞生于 19 世纪，直到今天仍十分活跃。简言之，这个学术术语指的是几何学的一个分支，它研究的不是空间中物体的形状，而是研究物体的某些“内在”属性。想象一下，你有一个面团，你要把它揉成一个盘子，然后再揉成一个碗。这两个物体在拓扑学上是等价的，因为虽然面团必须经过拉伸、形变才能变成盘子和碗，但在这一过程中面团并没有形成孔洞，也不需要被撕裂然后重新粘连才能从盘子变成碗。现在，我们先做一个盘子，然后做一个带把手的杯子，那么这两个物体在拓扑学上就是不同的，因为必须在面团上钻一个洞才能做出后者。

在拓扑学中，有一个专门的研究方向是对纽结的研究，即纽结理论，这个研究方向也很有活力。在数学意义上，结是一条闭合的曲线，如果将其绘制在一张纸上，则该曲线的某些部分将相交。你的鞋带，虽然是系好的，但却是“开放”的，因为两头都有自由端，就不属于这一类。最简单的结，也称为普通结，是没有交叉点的环。接下来是三叶结（nœud de trèfle），有三个交叉点，投影到平面上很容易重现。三叶结在视觉上非常接近博罗梅奥环的三个圆圈，它美丽的对称性使其成为长期以来备受推崇的标志：我们在凯尔特人的艺术和早期基督教艺术中都或多或少发现了经过改造的版本，对于基督徒来说，三叶结显然象征着三位一体。

随着交叉点的增加，纽结的数量呈现指数级增长。绘制或者在三维上复现这些图形的难度也相应地增加。三个交叉点的三叶结被拉紧之后实际上只有一个结（算上镜像的话有两个，这个规则适用于几乎所有的结）。五个交叉点则能得到两个不同的纽结。10 个交叉点能得到 165 个纽结。15 个交叉点能得到 253293 个纽结。超过这个数，我们就只能依靠计算机的运算能力来计算了。海洋结或者高山结不在讨论范围之内，它们的实际用处很大，但在这里没有什么意义，因为对于数学家来说，这些结都太初级了。

链环（Entrelacs）是数学家非常感兴趣的一种纽结。正如我在上面强调的那样，环这个术语在这里指的是立体结构，因为在一个平面上不可能出现链环。链环最著名的例子是奥运会会徽，由五个交织在一起的圆环组成。最简单的链环是霍普夫链环（Entrelacs De Hopf）[1]，由两个相互锁住的环构成。博罗梅奥环由三个交织在一起的环组成，当然也属于链环这一类。博罗梅奥环的结构相对简单，但它的美丽使它成为拓扑学中一个神秘的数学对象，甚至就是一个神话：早在博罗梅奥家族将这一形状作为标志符号之前，在瑞典野外的维京人考古遗址中就出现了一个由相互交织的三角形组成的变体，很明显，这个符号被刻在了墓地里。

[1] 以德国数学家海因茨·霍普夫（Heintz Hopf，1894—1971）命名。

我们神话传说中这种无所不在的纽结和链环从何而来？它们在视觉上呈现出和谐，以及看到它们就立刻联想到统一和团结，这两点无疑提供了一种初步的解释。可能正是这种对集体想象的认同，及其在数量一定的交叉点之下蕴含的无限复杂性，才如此强烈地吸引着数学家。实际上，它们的魅力不仅吸引着科学家，还让更多的人为之着迷：长期以来，博罗梅奥环一直存在于文身艺术家和珠宝商的产品目录中。或许仅仅是因为它看起来很美丽，也或许是因为我们觉得这个既普通又神秘的图形在其中隐藏着一个有待解决的谜团，或者另一把还不为我们所知的谜的钥匙。著名的精神分析学家雅克·拉康（Jacques Lacan）曾将博罗梅奥环挪为自己所用，认为它代表了一种寓言性的象征，是真实、象征和想象的结合。

我第一次登上博罗梅奥群岛时，发现这三个相互交织的圆环出现在许多绘画、木制品、雕塑或挂毯上，由此带来的视觉冲击一直陪伴着我。直到现在，我仍会被植物和爵士乐所吸引。我这种全新的审美敏感性要归功于卡门和她对各类艺术的兴趣，她的这种爱好极具感染力。

1971年，关于穴醚络合物的博士论文通过后，我带着极其有限的热情去服兵役。我先是在枫丹白露上课，然后被分配到巴黎战神广场对面的军事学校。当时，我给三个军官上化学课，他们的年纪比我大很多，但性格十分讨人喜欢，很明显他们想要提升自己的科学文化水平。1972年底服完兵役之后，我加入CNRS，并成为斯特拉斯堡大学的全职研究员。然后，我和别人一样去从事博士后研究工作，拓展我的视野。我的履历上佳，在牛津大学马尔科姆·格林（Malcolm Green）的团队中找到了一个职位，他们是研究所谓有机金属化学的尖端团队。这个我几乎一无所知的领域当时正处在飞速发展的过程中。1973年，就在我到那里几个月后，马尔科姆以前的导师杰弗里・威尔金森（Geoffrey Wilkinson）获得了诺贝尔化学奖。这一领域是研究范围最广、获奖最多的领域之一，其目标是将在有机化学中无处不在的碳原子与在无机化学中占主导地位的金属结合形成有机金属"络合物"，然后再制成催化剂，触发或引导化学反应。催化领域在理论层面非常重要，不过它在众多的合成工业中的应用更为重要。应用范围包括新材料开发、药物合成，以及碳氢化合物等有机产品去污染工艺设计等。工业界对有机金属化学和催化的浓厚兴趣，无疑是这一领域在研究人员中大受欢迎的一个因素。

在这个我不太了解的领域，我自然无法出彩，我只是希望了解一些自己并不熟悉的概念。另外，我还结识了一位朋友——马尔科姆・格林，我和他一直保持着密切的联系，直到他 2020 年 7 月去世，享年 84 岁。

回到法国后，我再次加入让 – 马里・莱恩的实验室。这并不奇怪，因为 CNRS 为我提供了一个供职于莱恩团队的研究员职位。就我而言，当时刚满 30 岁，我越来越想投身于自己的研究项目。我一直认为，一旦有可能，我会尽快掌握科学研究的自主权，但这并没有那么简单。对于雄心勃勃的年轻科学家来说，做完博士后研究又回到做博士论文的实验室，这种情况总是很微妙。对于那些获得职位或者因为实验室改组而进入别的实验室的人来说也是如此。对科研自主权的渴望，无论正当与否，都必然会与法国科研的现实相冲突。然而，没有任何规定保证研究者能在已经建立起来的团队中进行独立研究。因此，是否能获得科研自主权，取决于实验室负责人和即将在实验室工作的研究者之间的个人关系。这种情况很有法国特色。

就我而言，我和莱恩在一些小分歧之后，找到了一个完美的解决方案。我继续留在他的实验室，但不再进行我的博士论文和“穴醚络合物”相关的化学研究，我进入了一个完全不同的领域。是他萌生了带我们一起走向“太阳光化学”的想法。当时，1974年刚过去不久，世界还没有从第一次石油危机带来的震撼中恢复过来。中东爆发了赎罪日战争，由此带来紧张的地缘政治局势。在此背景下，每桶原油的价格在1973年10月至1974年3月间翻了两番。这场石油危机再度激起了各国政府和科学家对寻找丰富、可持续、价格低廉的替代能源的兴趣。

在化学里，代表这一“痴心妄想”的，是一个传奇的化学反应，它堪比物理学家把铅变成金的梦想。这份妄想被认为是不可行的，但它激起了好几代化学家的幻想，虽然化学家们已经在这个领域取得了不少进步，但他们无不咬牙切齿。这个反应就是 $H_2O = H_2 + \frac{1}{2}O_2$ 。在这个等式的背后隐藏着巨大的希望，即有一天我们能够利用太阳能和一种免费且丰富的原材料——水，生产出一种取之不尽、用之不竭的能源——氢能，而且它可回收、无污染。

这座化学圣杯被称为水的光化学裂解或光解。这其中的挑战难度很大，大到实现这种神话般的反应本身就构成了一个研究领域。正如反应的名字所指出的那样，这个过程需要分裂一个水分子（H_2O）来获得两个氢原子（H），再形成由两个氢原子构成的氢分子（H_2）。由氢分子构成的氢气是一种理想的能源。首先，氢气具有高度可燃性，在此过程中会释放出大量能量。其次，它的燃烧不像碳氢化合物那样释放出二氧化碳，只会产生水。氢气在日常生活中可作为燃料或者在燃料电池中作为电子供体使用，能够用于驱动车辆、发电、加热等。这是一个可以同时结束能源危机、油价波动和空气污染的梦想。

奇特的是，使用氢气作为燃料的主要障碍恰恰在于氢（元素）无处不在。自然界中存在的氢总是与其他元素结合在一起，比如碳、氮或氧。无论是天然气还是石油，所有传统能源都含有氢和碳。从这些潜在来源中提取氢气很困难，并且在提取后会产生含碳产物。因此，今天我们的碳平衡局面是灾难性的。正因如此，以较低的成本轻松获得纯氢的唯一方法是从含氢的常见且可获得的分子中“抢夺”它。到目前为止，水是最好的选择。

但为什么这么困难呢？正如我上面提到的，分子是由原子通过化学键连接而构成的；化学键分为两种，即弱键和强键。简单来说，化学键的性质取决于原子之间电子交换的性质，这种交换能使分子结构保持稳定。生物体中蛋白质之间的相互作用属于弱键，而水分子则属于强键：从水分子中夺取一个氢原子需要非常大的能量。

打破水分子内顽固的化学键来获取氢气，这没什么稀奇的。通过使用比如核电站产生的电能，我们可以实现所谓的水的“电解”。用一块电池就能很容易地进行这个实验：把电池的两个电极（正极和负极）浸入含有食盐的水溶液中，使水导电，然后我们就能在阴极（负极）附近观察到有氢气泡形成，在阳极（正极）附近观察到氧气泡。当然，从能量的角度来看，这个过程的意义并不大。但是，它可以将无法快速使用的多余电能转化为化学能储存于氢气之中。今天，虽然水的电解这项技术还并不先进，但已经用于生产氢气。利用这种方法，我们离水的“光解”还很远！

这就是我以前对光合作用的兴趣产生全新意义的地方。因为，“光解”（photolyse）这个词带有前缀“光”（photo）。

这并非意外。

虽然氢气似乎是最方便的可燃能源，但所有能源类型中，最容易获得也是最便宜的仍然是太阳光。我可以这么说：植物非常明白这一点。光合作用的问题在于其低下的转换效率。无论是太阳能电池板（将太阳能转化为电能），还是植物（为有机组织提供必要的能量），利用的阳光都相对分散。这就是为什么我们需要大面积的光伏电池板，才能产生合理产量的电力。我们栽在阳台上的天竺葵并不在乎这些，太阳辐射提供的相对较低的光照强度就足以让这些花朵生长。要切割水分子，要么把阳光集中在一处，要么必须有大片的表面积才能将太阳能转化为电能或化学能。

让我们再回到光合作用这个奇迹本身。阳光中的光子撞击叶绿素分子并引起一系列化学反应，一方面促成植物合成有机物等养分，另一方面释放出氧气。然而，这种传动装置的起点，是失去电子导致的正负电荷的分离，以及分离之后的电荷在反应中心的叶绿素分子中逐渐远离，这一过程由同一个光子引发，这就是电荷在这里能够长时间分离的秘诀。它所产生的能量能够利用简单的太阳辐射，一方面让负电荷用于制造养分，另一方面用正电荷释放出氧气。还有更好的情况：在一些藻类里，负电荷并不直接用于产生养分，而是通过分裂环境中天然存在的水分子来制造氢气。

在实验室中重现了不起的水光解过程将为获取碳氢化合物奠定理论基础，为开发既清洁又无限的能源开辟了道路。

这就是我将竭尽全力破解的保险箱密码。

第七章

共同之处

没必要再继续这毫无用处的悬念了，我并没有实现传说中的利用太阳光进行水的光解的壮举。在让－马里·莱恩发起、我实施的这个项目期间没有，在这之后也没有。

然而，当我在 1976 年开始研究这个课题时，我日思夜想的都是如何成功解决这一令人难以置信的难题。真的是日日夜夜都这么想。我一头扎进课题里，甚至牺牲了一些周末时间。虽然莱恩对光化学很熟悉，但他也并非这一领域的专家，他给予我充分的自由，我能够以自认为合适的方式进行这个雄心勃勃的项目。他只是时不时地与我见面，了解我取得的进展并给我提出建议。巨大的科学赌注激励着我，即使这个项目的意义还只是理论上的，因为通过这种方法在工业上生产氢气还面临着许多实际困难，我很清楚这一点。

光解水的第一个难题是设计一组化学性质接近植物的天线色素或光合细菌的细菌叶绿素以及“反应中心”的合成分子，以便将电荷分离。这样的光系统既能吸收光线，又能在其内部让光线造成正负电荷的形成与分离——虽然在自然情况下，正负电荷就像一对磁铁一样彼此吸引。在这之后，还需要在足够长的时间内让负电荷不断远离且不与正电荷重新结合，这样才能用来还原水分子，产生氢气。在进行这一过程的同时，必须恰当地利用正电荷，在这种情况下，则是像自然光合作用那样，通过氧化水分子来产生氧气，而这更增加了工作的难度。

虽然没有成功破解这个保险箱的密码，但经过三年近乎痴迷的努力，我们最早实现了将水分子还原成氢气的光化学反应。为了得到这个反应，我们开发出一种复杂的混合物，由水和含有两种贵金属（钌和铑）络合物的光敏分子组成。在幻灯机光线的照射下，这种混合物释放出氢气小气泡，我们能够在屏幕上清晰地看到。这个便捷通俗的总结表明，光解水之谜已经解开，这件事就应到此为止。但事情并非如此，因为这种光解的能量并非来自从水分子中抢夺的电子。光还原反应所需的能量是在人工的干预下，由更复杂的分子提供的，这些分子即为此“牺牲”，从经济和生态角度来看，这项操作的吸引力大大降低。最重要的是，钌和铑这两种构成复杂的光敏混合物的主要成分，远非廉价而丰富的化学元素。

尽管有所保留，莱恩仍然启动了这个项目，我在他的指导下拥有很大的自由。莱恩很热情，我也一样。对于我们每个人的日常生活来说，这还算不上是一场革命，但从基础化学的角度来看，这是重要的一步。1977 年，我们发表论文将这一发现公之于众，并迅速引发关注。莱恩和我都受邀在世界各地做讲座。我们的工作，以及其他一些竞争团队的工作重新激发了人们对光解水的兴趣。研究经费源源不断流入，特别是在欧洲，这让诸多光化学实验室受益。迄今为止，基于这些开创性文章或受其启发而发表的论文不胜枚举，从而推动了光解水领域的发展。

由于对这个项目的贡献，我有幸在 1979 年 35 岁时升任高级研究员。这个“头衔”后来被取消，取而代之的是更浮夸的主任研究员。有了这个职称，我就能自立门户，建立自己的实验室，指导博士生论文，并切断与莱恩的纽带。虽然我和他的合作成果丰硕，但我的职业生涯进入了一个新阶段，我需要自己展翅飞翔，发挥创造力，播下属于我自己的种子，虽然这些种子可能永远也发不了芽。很久之前我就决定，一旦时机成熟，我就会自立门户，建立自己的团队，从而进入新的研究领域，启动具有原创性的项目，至少这是我的目标。出于道德原因，我决定不再继续沿着光解水这一颇有希望的理论脉络研究下去，或者只是以更为浅尝辄止的方式进行，我把这项研究留给莱恩实验室，让他们将这一领域刚起步的研究继续下去。这是我们职业道德的要求。

但是，这并不意味着放弃。我喜欢从一个挑战跳到另一个挑战。驱赶我前进的科学理想是要引起同事们的惊讶，是要打开新的大门，是往池塘中央扔一块鹅卵石，看到水面上出现波浪。不要禁止自己做任何事情，不要觉得什么东西太过创新或遥不可及。我牢记莱恩给出的这条建议："不要把时间浪费在搞人事和混关系上。如果你把时间和精力全部投入到激起你的好奇心、让你想要实现的科研项目上，那么你就会成为一个有成就感的科学家。"对于我的团队，我希望灌输给他们的，正是这种把研究作为职业，既充满游戏性又给人以征服感的工作方法。

对超凡脱俗和开放思维的追求并不只是我对周围人的要求。我也是这么要求自己的。这并非一句随便念念的咒语，而是我每周都坚持的纪律。每个星期六的早上，我都会花上四个小时来阅读和思考。从早上 8 点 30 分到正午，我都会待在化学系的图书馆里，这时的图书馆空无一人。我独自坐在一张圆桌旁，桌上堆满了大约 30 种化学和生物学的一般性或专门领域期刊，包括最重要的几种。我先浏览一遍目录，找出引起我注意的文章。在翻看时，我有时会停留在一篇我原本没有想要阅读的文章上，甚至会在不知不觉中被文章的内容所吸引。我总是随身携带一个笔记本，在上面记录有意思的发现，这些发现通常与我正在进行的工作或者我的学科无关。这种每周一次独自一人的仪式培育了我的科学积淀，通过联想或者不断反思，有时新的想法便会从中产生。这一习惯让我保持警觉，不断重新审视自己感兴趣的领域，而我自己的视角也因旁观别人所走过的道路而变得丰富起来。

这本书并不是向大家提供事业成功的秘诀——无论这种事业是科学研究还是其他方面。但我相信，在这种常规例行的习惯中，保持精神的活跃可以在所有知识领域里发挥作用，或者简单地为人们提供心灵上的愉悦。互联网和算法提供了大量符合我们的品位和习惯的内容。但在获取这些内容的过程中，我们就被锁在了里面。然而，我曾不止一次地对与我喜欢的主题相去甚远的内容感兴趣，甚至着迷。只有在漫无目的地翻阅时让思维驰骋游荡，才会收获这样的惊喜。

在我的研究课题之外吸引我注意力的主题中，有拓扑学，以及与纽结理论相关的一切，即使我通常很难把这些文章读下去。这种吸引力也许源自我对博罗梅奥环的迷恋，它始终占据着我记忆的一个角落。我因此意识到，人类从未合成过任何化学纽结。这其中的原因非常充分：长期以来，人们一直认为制造分子纽结相当困难，甚至完全不可行。这太复杂了。直到20世纪60年代中期，有数十位化学家做出过尝试，但大多都失败了。只有德国科学家戈特弗里德·席尔（Gottfried Schill）和亚瑟·吕特林豪斯（Arthur Lütringhaus）于1964年发表的一项十分出色的研究才算得上唯一的例外。不过，这两位合成化学家使用的策略极其复杂，那些有可能对分子链环感兴趣的人无不望而却步。从那以后，这一领域就处于停滞状态，人们都认为制造分子纽结是不可能的事情。

我每周六早上的阅读和思考持续了数十年，几乎一次也没落下。这一习惯最终在2015年随着我的研究工作的停止而终止。

重回工作。学校分配给我一个小工作室，但不和莱恩同楼。在这之前的一段时间，是莱恩和他的团队在他们的实验室收留了我和我最早的两个博士生帕斯卡尔·马尔诺（Pascal Marnot）和罗曼·吕佩尔（Romain

Ruppert）。我与马尔诺和吕佩尔相处得都很好，他们对我们团队的首次成功做出了重要贡献。不少来自 CNRS 的研究员或大学的讲师加入了我们的团队：克里斯蒂亚娜·迪耶特里克–布赫埃克（Christiane Dietrich-Buchecker）、让–保罗·科兰（Jean-Paul Collin）、让–马克·克恩（Jean-Marc Kern）、马克·贝莱（Marc Beley），他们的年龄与我相仿，只比我大或小上一两岁。后来，两名更为年轻的研究人员成了我们团队的永久成员，并发挥了重要作用。他们是现为斯特拉斯堡大学教授的瓦莱丽·海茨（Valérie Heitz）和后来成为 CNRS 主任研究员的让–克洛德·尚布龙（Jean-Claude Chambron）。他们都是优秀的化学家，此外他们还一起创造了我在莱恩实验室里体验到的那种既勤勉用功，又友好互助的氛围。在实验室里，不管处在哪个级别，成员之间都不准使用敬语。作为团队的负责人，我会提出项目，但不会进行细化，而是把项目交给每个人，让他们自己进行调整，以确保项目尽可能地成功。用“头和手”这种刻板的表达方式来描述我们之间的关系会让我心生不悦。在科学研究中，这没有任何意义。诚然，团队负责人并不会亲自进行操作，但团队中每个成员的大脑都在全速运转。“头和手”这种表达方式就像是一个先知向一群机器人下达指令，让它们执行，没有比这更愚蠢且不符合实际的了。

当我成为实验室主任时，克里斯蒂亚娜·迪耶特里克－布赫埃克就已经和我成为朋友了。她比我大两岁，我们在预备班时就认识了，而我们真正亲密起来，是在她和我的科学“兄弟”贝尔纳结婚之后。在斯特拉斯堡大学，她比我更早地成为研究员，很快，她就作为一名杰出的合成化学家美名远扬，无人不晓：你只需向她展示一下你心目中分子组合的样子，她就会制定策略将它实现。当她告诉我她在大学实验室感到厌倦，提出想来我这里工作时，我没有丝毫犹豫就同意了。克里斯蒂亚娜才华横溢，富有创造力，且不计时间成本，有着超出常人的毅力，她为了我们项目的成功投入了极大的热情，有时甚至是过多的热情。头脑、心思，她什么都不缺。除了在科学上做出的宝贵贡献之外，克里斯蒂亚娜的存在本身就会说服其他女孩加入我们，让索维奇实验室成为化学系中女性成员最多的一个实验室。她温暖和包容的天性给了她一种母性的气息，尤其是对年轻人来说，这非常适合她。

我对项目管理的理念受到捕捞小龙虾的启发：我们会向多个方向投网，一段时间后，我们会看看捞到了什么。如果捞到的东西多，那我们就继续；如果网是空的，我们会花时间进行反思。之后，我们要么坚持，要么改变策略，要么放弃。一个重要的年度活动决定了实验室生活的节奏：返校研讨会。研讨会通常在 10 月的一个星期四晚上举行。在介绍完预算和组织架构之后，我会很快介绍正在进行的工作和最近得到的成果，然后再详细介绍接下来一年我们必须花时间进行的工作。我可能会讲上两三个小时，实验室成员会多次打断、批评和建议。这是一个特别的时刻，每个人都可以毫无拘束地阐述自己的想法，并参与团队的科学未来之中。例如，我会启动一个项目，将二氧化碳转化为有用的原材料——随着人们气候意识的提高，这一研究领域将在未来获得蓬勃发展。当时我在钌分子光解方面取得成功后，决定继续探索涉及贵金属的分子络合物。我们尤其会着力开发铱络合物（铱是一种非常接近钌的化学元素），以评估其光化学或催化性能。

正是在这一历史时刻，大卫·麦克米林（David McMillin）来了。这位美国研究人员是光物理学方面的专家，我从科学文献中了解到他的工作。他最新一篇引人注目的文章涉及光线对铜络合物的影响。大卫在印第安纳州普渡大学（Université Purdue）工作，获得了在让－马里·莱恩实验室工作一年的机会。随着超分子化学帝国的扩张，莱恩实验室的名声也越来越大。就像我在牛津大学做博士后时那样，大卫来这里是为了拓宽视野，寻找新的灵感。

到这里之后不久，大卫就在莱恩的实验室给我打了个电话，他听说了我们在光解水方面的工作以及我在光化学方面的能力。他希望与我和我的团队面谈，就我们从事的不同领域的研究交换意见。克里斯蒂亚娜向他详细介绍了一种新的有机分子。这种分子呈新月形，她刚刚与她指导的年轻博士生帕斯卡尔·马尔诺一起合成出来。我们还向大卫介绍了我们用这种化合物进行的其他项目，特别是它在催化方面的用途。这让他兴奋不已，而我们也产生了同样的想法：为什么不用这种基于铜的新月形新分子来代替钌络合物呢？大卫已经在某些铜络合物的性质方面做了重要的工作。我们可以根据各自的专业领域分配相对应的任务，一方面是光物理学，另一方面是合成，我们似乎可以应对这一挑战。

最初的一批结果令人备受鼓舞。我们合成的铜络合物被证明是一种极好的光敏剂，效果几乎和它的“表亲”钌络合物一样，但最重要的是，铜络合物更便宜。1983年5月，我们发表了一篇文章，并决定沿着这条道路继续前进，尝试改进这种有前途的分子。

在制定合成策略以及后来撰写文章发表我们的联合成果的过程中，我会像通常那样花时间手绘目标分子。我会在一张纸上用墨汁画出草图。它的整体形状、把原子连接在一起的化学键的形状，以及保持分子结构的电子交换的细节……这种练习让我对我的分子组合有了更深刻的理解。在当时，这种可视化的方法是最简单的，但也并非唯一方式。像许多其他合成实验室一样，我们有塑料分子模型，它们对于构建我们想要制造的分子很实用，可以很好地展示分子的形状甚至某些特性。当时实验室里只有一台计算机，而且很原始，留给我们的秘书从事行政事务时使用。即使后来计算机的功能越来越强大，但我仍然坚持这种手绘的方法，直到我的职业生涯结束。我始终觉得屏幕有一种距离感，使我难以“感觉”眼前的东西。

一天早上，我在绘制其中一个铜络合物的草图时，发现这个形状似曾相识。在铜原子周围，我发现我画出了两个片段——两根化学“细绳”，在这里是两根包含氮原子的“细绳”——它们看起来像是两个相互“嵌入”彼此的片段。

我的脑海中灵光一闪。

只需制造出一条化学延长线，并在其两端各拴上一根“细绳”，我们就能得到两个交织在一起的圆环。

一个真正的霍普夫链环。

化学史上第一个真正可以看见的分子链环。

第八章

最强的一环

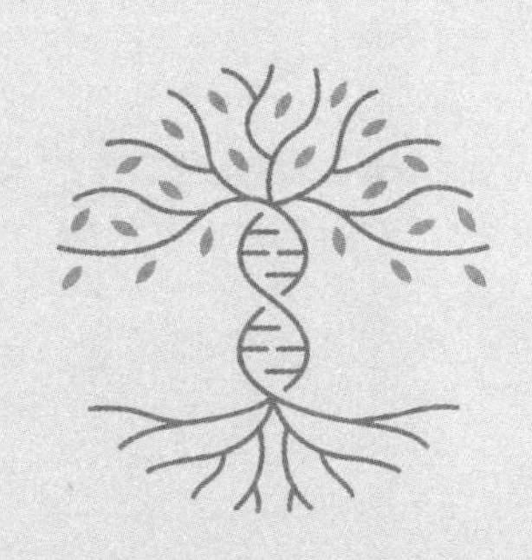

克里斯蒂亚娜的才华很快就将这个“尤里卡时刻”[㊀]变为现实。我们都因认识到这项研究可能开辟一个新的研究领域（即分子链环和分子纽结）而感到兴奋。此外，我们的审美品位也相同，她的工作也因此越发让人愉悦。1983年夏末，我们在兴奋的状态下工作了四五个月，终于合成了双链环，第一份样品是几毫克的白色晶体。很快，在克里斯蒂亚娜指导的博士生让·魏斯（Jean Weiss）的宝贵帮助下，合成的效率显著提高，他把获得

㊀ 尤里卡（Eurêka）是古希腊语，意为“我发现了”或“我找到了”，因古希腊学者阿基米德偶然发现计算浮力的方法时喊出这句话而出名。——译者注

的样品质量增加到了5克。通过惯常的X射线衍射法观察，我们合成的分子以我们希望的完美形状呈现——两个环和谐地交织在一起，二者相互垂直。

我们仍然坚持由莱恩开创的语言自信，用法语撰写了论文。这篇文章只有四页，于1983年9月刊登在英国期刊《四面体快报》（*Tetrahedron Letters*）上。这本期刊之前就刊登过我与莱恩共同署名、奠定超分子化学基础的论文。新论文以《一个新的分子家族：金属索烃》（“Une nouvelle famille de molécules：les métallo-caténanes”）为题，署有我的名字，当然还有克里斯蒂亚娜和让－皮埃尔·金青格（Jean-Pierre Kintzinger）的署名。物理化学家金青格的研究让我们确信得到了由两个套在一起的环状分子组成的超分子。这种分子通常被称为“索烃”（caténane），这个术语沿用至今，用于指称分子链环。索烃的名字源自拉丁语“catena”，意为“链条”。我们毫不怀疑它会引起化学界的震动，但其影响力却远超我们的设想。当年不像今天有衡量论文影响力的工具，当时一篇文章的成功与否，是通过收到参会介绍自己研究的邀请次数来衡量的。论文发表后，大量的邀请纷至沓来，数十份会议邀请从世界各地蜂拥而至。为此，我们都感到十分高兴。

在这些会议中，有一场非常重要。在这篇开创性论文发表后仅几周，我就利用一次前往英国剑桥介绍我的研究的机会与弗雷泽·斯托达特（Fraser Stoddart）取得了联系。自 20 世纪 70 年代末以来，我和这位英国化学家就一直是朋友。他是弱相互作用和后来被称为“超分子”的络合物方面的专家，他对首次合成链环的尝试产生了浓厚的兴趣，特别是 1964 年由德国化学家戈特弗里德·席尔进行的实验。在一个优雅、漫长而复杂的反应过程结束后，席尔创造出了一种索烃，这场实验的难度之大，以致没有合成化学家愿意尝试复现。1980 年，两位美国工程师弗里施（Frisch）和瓦瑟曼（Wasserman）首次在拓扑化学领域取得了进展，但他们只是以纯理论的方式进行研究。弗雷泽非常高兴地看到我们团队在这一领域取得的突破，并邀请我到他所在的谢菲尔德大学（Université de Sheffield）演讲。弗雷泽性格开朗自信，他在自己的研究过程中也开发出了一些络合物，这些络合物是制造索烃的优秀前体。这次见面巩固了我们的友谊，标志着我们两个实验室的良性竞争开始了。我们有着同一个目标——丰富分子链环的数量，为这个还处在萌芽阶段的领域增添学术成果。

为了更好地拓展由我们的发现所开辟的领域，我在空闲时间主动阅读拓扑学书籍。我甚至报名参加了数学拓扑学研讨会，但经常在演讲开始两分钟后就完全听不懂了。此外，我也希望可以从生物学中学到点儿什么。当时我意识到，在分子水平上，大自然就是由交织在一起的环和纳米尺度的结组成的。一种杀菌病毒 HK97 有一层由一连串链环交织而成的包膜，看起来就像一件编织得很好的锁子甲。理论生物学家对 115000 种蛋白质的研究表明，其中大约有 2% 的蛋白质具有三叶结的拓扑结构。例如抗坏血酸氧化酶（ascorbate oxidase），这种分子负责分解我们体内过量的维生素 C。生命世界共有 159 种蛋白质具有像霍普夫链环那样的拓扑结构，有 35 种蛋白质具有像所罗门环（anneaux de Salomon）那样的拓扑结构。所罗门环有两个环、四个交叉点，自古以来就被罗马人、犹太人以及一些西非部落作为神圣的象征。

在生命王国里，组装成环最壮观的场景是生命基质——脱氧核糖核酸分子（DNA）——的合成。众所周知，DNA 的外形是一个双螺旋结构，但在复制和重组过程中，DNA 会在短暂的过渡期中产生相互缠绕的环，它们的任务是把旧 DNA 重新连接起来。遗传密码的原始形态甚至具有闭合环的外观，这种比我们 DNA 短得多的环状 DNA 仍然存在于某些细菌中，且一切证据都表明它是位于我们细胞中心的双螺旋结构的前体。

纽结普遍象征着坚实牢固和团结一致，它是否是产生生命火花的工具？随着不断深入地阅读相关文献，我对这些东西的迷恋越来越强烈。我与克里斯蒂亚娜分享了这些内容。我们亲手复制出了一个迄今为止只存在于大自然的构件，我相信这件事让她既高兴又感动，就像我一样。

我和她一样，动力倍增。这么好的一条路，要是停下来就太可惜了。我们完全可以探索我们自己刚刚开拓出来的这个新领域。我确信，在曾经无人问津的链环和分子纽结的研究领域，我们即使把研究发现公之于众，也仍能保证在未来一段时间内处于领先地位。1984 年，在实验室的返校研讨会上，我阐述了我的下一个目标，即火箭的第二级：创造一个真正的纽结——三叶结，这是拓扑学家眼里继“平凡结”之后第二简单的纽结（平凡结就只是一个平平无奇的环）。我做出这个选择既出自理性，也遵从内心——三叶结的三个圆圈唤起了我一个当时还很遥远的梦想，即有一天能够设计出我心爱的博罗梅奥环的化学替代品。

这次的工作任务要复杂得多。将这种结构画到纸上似乎并不那么困难，但现实却给我们上了一课。前文提到，我们工作中最坏的情况，是无法弄明白为什么某个化学反应没有按预期进行，由此阻碍我们进入下一阶段的工作。我们别无他法，只能分析导致失败的各种因素，然后修改实验思路，将我们从错误中吸取的教训考虑进去，从而踏上一条新的道路。如果说设计并制备我们的第一个链烷就像装配精良的装备去攀登勃朗峰，那么这次合成三叶结就相当于只穿着内衣和袜子攀登珠穆朗玛峰，至少在工作最初的阶段是这样的。

我和克里斯蒂亚娜不懈努力了三年半，设想了多种实验方法，但实验结果同我们考虑的第一种方法相比，并没有什么差别。我们还需要几个月的时间来调整思路并最终合成理想的分子。通常在合成化学中，只有收到来自晶体学实验室的数据，确认我们的分子结构之后，才能宣布成功。所以，我们又等了六个月，才收到了用传真发来的巴黎晶体学团队解析出的结构图像，由此确定了我们合成的分子的结构。

当结果出来时，克里斯蒂亚娜甚至都不敢相信。我知道，她对自己出众的能力还缺乏信心，她的能力被她的奉献精神和坚毅品质遮蔽了。这个分子符合我们的预期，甚至比我们想象中的结构更美丽、更宏伟。呈现在我们眼前的是一个和谐的三叶结，其拓扑结构和形状与我们通过原始模型预测的一样。静置在冰箱里的香槟酒已等候许久，直到我们获得了一个好结果，这瓶酒终于可以被打开了。然而，我们并没有做白日梦的时间。接下来的几天，实验室的其他人忙于其他项目，而我和克里斯蒂亚娜的大部分时间却花在思考这个东西会给我们带来怎样的科学挑战上。

随着外界对索烃和分子纽结的关注越来越多，实验室的声誉越来越高。成绩优异的博士生争先恐后地申请来我们的实验室做论文。为了维持实验室高标准的要求，同时保护我所重视的友好氛围，我只回应了一部分申请。我向来主张宁缺毋滥，我们主要招收本校优秀的化学硕士生，以及里昂高等师范学院、卡尚高等师范学院[一] 和巴黎高等师范学院的学生。虽然我不止一次地发现，卷面成绩好的学生不一定是动手能力强的，但我仍相信这种形式的科学精英主义。在我 45 年的职业生涯中，我总共指导了 41 篇博士论文，而在其他一些国家，实验室主任手下指导的博士生数量可能会多达 300 名（比如在德国）。我不知道其他导师是怎样的，但就我而言，我对我的每一位学生都印象深刻。

虽然我们在光化学方面的工作也在同时进行着，但

㊀ 现为巴黎 - 萨克雷高等师范学院。——译者注

在我的推动下，实验室正雄心勃勃地着手更加复杂的索烃和纽结合成项目，包括双环索烃（caténane à double entrelacs）。在合成工作之外，我们还进行了大量的物理化学研究，发现链环和纽结具有一些十分有意思的新特性。这些内容我在后面会讲到。我希望不惜代价保持我们在该领域的领先地位，但更重要的是，我希望保持我们团队的创新能力，以带来更多惊喜。那时，我知道弗雷泽·斯托达特的团队正在制备他们设计的结构，虽然我和他之间没有恶性竞争，但我也不想落后于他。不知不觉中，我给同事们施加了一定的压力，他们当中有些人在多年之后向我吐露了这一点。不过，无论如何我都希望我钟情的欢乐氛围能弥补我的严苛。一天之中，实验室有两场固定的活动：每天上午 10 点和下午 4 点，几乎每个人都会到研讨室喝咖啡、喝茶。这是畅所欲言的活动，每个人都可以介绍自己项目的进展，但最重要的是，我们可以自由且善意地提出疑虑、希望、建议或批评。当然，我们也会讨论与工作无关的事情。有时，我们还会去拉布斯（La Bourse）品尝阿尔萨斯烤饼或其他美食。拉布斯是一家位于与其同名的广场上的传统斯特拉斯堡小酒馆，这里当之无愧地成了我们交流和放松的场所。

20 世纪 90 年代初，我认识到火箭的下一级不是让分子结构朝着更复杂的方向发展，而是应该赋予这些分子以内在的特性。除了化合物的电子特性和它们与不同金属中心结合的能力之外，“特性”这方面在某种程度上被忽略了。我们被这些相互缠绕或打结的分子所展现的独特和美丽所吸引。我们开始与博洛尼亚附近著名的文森佐・巴尔扎尼（Vincenzo Balzani）的实验室合作，这是光化学领域最受认可的实验室之一。我们希望探索金属索烃的特性，以便进行电子转移或电子能量转移，这是光合作用和水的光解反应中常见的过程。但在这里，电荷分离想要达到的目标不如产生氢气那样精确。这还只是一种非常理论化的方法，其目的是了解如何用索烃链传输电子能量。

这项工作自然而然地引导我从分子链环和分子纽结的纯粹拓扑学研究中走出来。我预见到我们创造的东西可以在迟滞现象（hystérèse）这方面发挥作用，这是信息论专家都很熟悉的领域。要理解这个术语的含义，请想象一下这样一个场景：你想通过温控器控制空调让房间的温度稳定在20℃。无论你想要升温还是降温，设定空调开启的温度都不应与设定空调停止的温度相同。这是对的，否则你的温控器会不断地打开空调然后又关上它，因为一旦“打开”和“关闭”的温度相同，温控器就会时刻处于活动状态。相反地，你可以设置空调开启后温度必须高于21℃之后才关闭，以此来“欺骗”系统。同理，当空调关闭后，21℃的房间开始降温，我们可以设置空调在温度下降到19℃时才开启。闹钟则没有这种迟滞现象：它总会在同一时间响起，无论你是否需要早起。

电磁学的迟滞（磁滞）现象为信息论专家所熟知。有了它，硬盘驱动器才能存储我们宝贵的数据。数据通过输入电流写入，但写入的数据被“禁止”与输出电流发生反应，这二者之间的错位就使得数据被“冻结”起来。直觉告诉我们，我们的金属索烃既然能够接受正电荷或电子，并且最重要的是它们的尺寸很小，那么也许有一天我们可以通过这一机制，提高存储系统可存储的数据量和存储效率。

挑战开始了。1994 年，实验室得到了最出名的成果之一——一种能够在注入正电荷或电子（通过施加电势）后进行摇摆运动的索烃。虽然这种索烃的化学成分更为复杂，但乍一看，它双环交错的外观与我们最初得到的索烃非常接近。不过，在电刺激的作用下，双环中的一个环会在另一个环内旋转 180°。从化学的角度来看，得到这个分子本身就已经是很不错的成就了。更妙的是，在同一个电位差的作用下，旋转环会保持不动。如果要回到初始位置，它必须受到电位差异较大的电刺激。就像温控器一样，我们这个化学链环会根据它所面临的情况打开或关闭。

这一成果进一步增强了我们实验室在我们自己开创的全新领域内的实力。我们甚至开启了第二个新领域——分子机器。这是一种建造化学建筑物的艺术，分子机器能在信号的作用下以可控的方式活动起来。

就像有生命的有机体一样。

我并没有立刻发现这个十分明显的相似点。三年之后，我才更加清楚地看到了这一点。1997 年，吉田贤右带领的日本生物化学团队通过直接观察 ATP 合酶，揭示了大自然保守得最严密的秘密之一。多亏了保罗 · D. 波耶尔（Paul D. Boyer）和约翰 · E. 沃克（John E. Walker）及其同事出色的工作（成果于 1994 年发表，他们因此获得 1997 年的诺贝尔化学奖），我们已经知道了 ATP 合酶的工作原理，但这个运转中的分子陀螺实在是太不可思议了，它的魅力甚至传播到了科学界之外。互联网上有一段关于这个分子的短片，让我印象深刻。短片中，ATP 合酶以自身为轴旋转着，这种受控的运动让人隐隐地想到我们的索烃，它也在做着陀螺运动。

就像从下往上看产生的巨大眩晕。

这项科学挑战将我们变成了生命引擎的伪造者。

第九章

坚固的环结

当科学家们面对非专业人士，如记者、高中生、对科学感兴趣的普通人时，最常被问到的一个问题是：这是干什么用的？在基础研究中，我们最常问的是另一个稍有不同的问题：这能用来干什么？这个问题既自然又合情合理，我总是乐于回答。

在开始回答这一问题之前，我还是想提出一个我的许多同事都有但却不敢承认的想法：当我们着手进行一项研究时，我们对它可能会应用到哪些方面完全不感兴趣。或者更确切地说，这并不是我们的责任。基础研究的崇高之处在于它的独立性。它的首要目标是启迪我们，让我们了解身边世界的运转方式。难道这还不能说明它的作用吗？我们是否应该以揭示时空扭曲并没有改变我们的生活方式或改善我们的日常生活为由，取消爱因斯坦的科学家称号？科学史告诉我们，寻找快速应用前景的命令是没有意义的。也许最好的例子是半导体的发现。科学家自 19 世纪 30 年代开始就对铜盐展开了大量研究，涉及的材料千差万别，直到 120 年后才制造出第一批晶体管，也就是今天我们的计算机、智能手机和大多数电子设备中使用的晶体管。

在大多数情况下，重大科学发现或多或少地都会有具体的应用。在化学中，对科学发现的应用最常见于医学、制药以及材料领域，科学在我们的生活中无处不在，有时为人类带来了巨大进步。尽管如此，但我仍然认为，应用问题必须放在次要地位，至少在基础科学中选择研究方向时应该如此。我知道，这种功利主义的追求既受到公众的欢迎，在政治和金融决策者中也很有市场，就好像这样才能证明我们做出的选择的正确性。这是误解了科学研究的本质。设定精确的目标与我们工作所需的开放思维、抽象能力和创造力是不相容的。即便如此，一个在今天被认为没用、明天也不会有用的发现，很可能在后天成为拯救人类的“法宝”。推进基础科学总是有用的。

在这方面，“陀螺”索烃开辟的可能性是最有前途的。“固定”索烃开创了分子拓扑学领域，而它会摇摆的“表亲”则创造了名为分子机器的子领域。而这一次，并非只有我们在耕种这片土地。我还不知道，当我们揭示摇摆索烃的文章发表时，《自然》（*Nature*）杂志也发表了另一篇同样具有创新性的论文。弗雷泽·斯托达特、安杰尔·凯费尔（Angel Kaifer，佛罗里达州立大学）和他们的团队合成了一个类似于奥林匹克标志的五环链环。凭借这一“奥林匹克烷”（olympiadane），他们高调进军分子拓扑学领域，随即又合成了一种能够在一个轴上滑动的环，有点像桌式足球通过滑动计分的计数盘。这种环就像一个纳米级的穿梭机，受到刺激后能够从位于轴左端的“站点”（斯托达特使用的术语）移动到右端的“站点”。这就像儿童电动火车一样，车头（环）可以从一个点开到另一个点，然后再返回。

21 世纪第一个十年见证了分子机器领域的爆炸式发展。这些分子的结构及其被赋予的运动方式变得越来越复杂而精密。利用新近合成的轮烷（rotaxane），斯托达特在巴尔扎尼及其同事们（博洛尼亚大学）的支持下，成功地合成了一个带有三个支座的分子电梯，它能在化学刺激的控制下上下移动 0.7 纳米。斯托达特后来设计了一种新的轮烷，配备有两个或更多个滑动环，可以在移动时储存和释放能量，这个物体被其设计者恰当地命名为“分子泵”。

随后，第三种重要分子闪亮登场，将创新提升到了一个新的高度。荷兰化学家、荷兰皇家壳牌石油公司前工程师伯纳德·费林加（Bernard Feringa）与他的团队成功合成了一种由光驱动的单向旋转发动机。这种分子的结构看起来就像一根雷达天线，底部静止，顶部则可以 360° 旋转。费林加团队继续沿同样的逻辑路线前进，并于 2011 年设计出了一辆由“底盘”和四个“轮子”组成的分子汽车，每个轮子上都带有一个发动机，能够在平坦的表面上推动整个分子向前。最新的进展是，2017 年，休斯敦大学（Université de Houston）的一个团队开发出了一种分子钻，可在足以穿透细胞膜的光的照射下被激活。这些令人难以置信的进展让现实中的分子机器越来越接近科幻小说中的幻想，因此现在人们都用“纳米机器人”（nanorobots）这一颇具科幻意味的称谓来称呼这些分子机器。

我和我的同事们也取得了新的进展。我们成功合成了一种具有肌肉特性的分子，它由两条平行的分子细丝构成。这种化合物能够收缩和伸展。我们用这种轮烷二聚体重现了相同的机械原理：两个独立的环套在弯曲的杆上，相互交错，能够像长号演奏者操纵滑管以获得所需的音符一样相互接近和远离。我们在这一领域最新的一项成果是分子压缩机：想象两个安装在一根轴上的盘子，它们可以把网球压碎。这一次，大自然是我们的灵感之源。伴侣蛋白能够捕获细胞中心疲倦的蛋白质，然后给它们施以机械应力（压缩或拉伸），从而修复这些蛋白质，让它们重新投入工作。

每一个如此复杂的化学结构都需要研究者付出多年的努力，经过无数次徒劳的实验，顶住不断的质疑才能看到曙光。动机却总是相同的：接受一个雄心勃勃的挑战，希望路的尽头会出现一个具备令人兴奋的新特性的分子物体。

我没有忘记最初的问题：所有这些能用来干什么？在这一点上，我们还没有任何确定的答案。目前，我们尚未发现这些分子机器有任何直接用途，除了某些包含轮烷的聚合物外，这些聚合物推动了屏幕保护膜的开发。

保护膜材料由分子环构成，环中有细线穿过，因此环能够通过滑动而实现快速移动，所以保护膜既柔软又坚韧。由此获得的材料具有十分独特的性质：薄膜被划伤后能非常迅速地进行自我修复。于是，这些材料就可以用来保护智能手机屏幕。自 20 世纪 90 年代中期以来，人们构建和研究的分子机器也为设计更复杂的纳米机器人奠定了理论基础。它们让我们在比头发直径的 10 万分之一还小的尺度上成了运动大师。费林加的一句话很好地总结了我们今天的状况：莱特兄弟在 1902 年建造出第一架滑翔机时，无法预见几十年后波音 747 的问世。我们就和莱特兄弟一样。

从那之后，我们能想象什么呢？对这个问题时常有这样一个答案，它与科幻文学中反复出现的主题相呼应：设计一种能够进入我们的身体，在里面就像在高速公路网中行驶的潜水艇。只是这里的潜水艇并非由微型人类驾驶，而是在还原激光（laser réducteur）的魔力指引下，自主定位到它停泊的港口。这种前景将彻底改变医学，因为医学往往面临同样的问题：药物分子难以自行攻击病灶位置。最有说服力的例子是抗癌药物。如果不加控制，顺铂之类的化合物会无差别攻击它们遇到的细胞，患病的和健康的细胞都无例外，从而导致可怕的副作用。纳米机器人让人看到了设计出能够自我定位、识别目标细胞并仅作用于目标细胞的分子的可能性，就像真正的纳米外科医生一样。它们的潜力超越了医学范畴，可以很好地改善我们的日常生活：对于能够“擦掉”污垢、进入房间的犄角旮旯、寄身于眼镜镜片和汽车挡风玻璃上的家用自动分子，你觉得怎么样？

最终，支配大自然的大多数化学反应都可以由纳米机器人控制或模仿。免疫反应、抗体的产生、单点激素、细胞甚至受损器官的修复、异常遗传信息的纠正……在这份清单上还可以加上比真的还更真实的假体，因为合成的分子可以制造出人工组织。这些都不是科幻小说中所描写的遥远的未来里才独有的东西。费林加的分子汽车或者我们的压缩机只不过是生命体中大量存在的蛋白质的人造表亲，而且还非常原始。在实验室中设计一种像驱动蛋白这样的酶，让它能在分子绳上奔跑，这仍然是我们无法企及的目标，而且实现这个目标可能需要很长时间。英国人戴维·利（David Leigh）是我们领域中最具创造力和独创性的化学家之一，他不顾一切地开始了这项仿制事业。他通过十分复杂的合成过程，成功让自己制造的一种“合成驱动蛋白”迈出了三步。而且我甚至还没说有朝一日能与 ATP 合酶这一分子杰作一较高下：虽然 ATP 合酶做旋转运动的化学秘密已经逐渐被解开，但它在这方面还远未受到挑战，当然，这也不是我们的意图。

2016 年 10 月 5 日，我和弗雷泽·斯托达特、伯纳德·费林加一起被授予诺贝尔化学奖。那天早上我在办公桌前一边查看电子邮件，一边用眼角的余光盯着时间。

宣布获奖者的时间通常在上午 11 时 45 分左右。显然，我对自己并无期待：除了少数无可辩驳的天才和许多自以为是的傲慢者以外，没有科学家会合情合理地觉得自己能获得这一科学界的终极奖项。因此，像每年一样，我感到好奇是因为有可能看到知名人士、熟人，甚至是身边的朋友获奖，这样我就可以向他表示祝贺、为他感到高兴。

上午 11 时 30 分，我办公室的电话响了。电话那头的人作了自我介绍，他的名字对我来说毫无意义。他说的是英语，带有相当明显的北欧口音。

“教授，我们很高兴向您和斯托达特先生、费林加先生一起授予诺贝尔化学奖。”

“当然，是的。当然。”

这肯定是个笑话，但一点也不好笑。给我打电话的人显然对这种不相信的反应有所准备，他让我不要挂断电话，并把听筒递给了另一个人（后来我才知道是诺贝尔化学委员会的一名委员）。这一次，我听出了那个声音：电话那头是瑞典化学家贾恩-厄林·贝克瓦尔（Jan-Erling Bäckvall），但我完全不知道他与诺贝尔委员会之间的关系。我们彼此很了解。“我们为你感到高兴，让-皮埃尔。”我仍然不为所动：这个骗局组织得很好，他们甚至找到了一个说话声音和贾恩一样的人，这太棒了。另外一名化学委员会的委员也来救场了，我对他的认识比较模糊。这一次，我动摇了。如果这是真的呢？不可能。我知道我们的工作得到了认可和赞赏，我们开启了新研究领域的大门，但在我看来，诺贝尔奖仍然是无法企及的高度。

然而，如果这是真的呢？

是真的。

我获奖之后的第一反应是用手机给妻子打电话。本来不会发生什么事情打乱这个平凡的日子，我们此前就邀请了一位朋友来家里吃午饭，她是莱恩的“永久”秘书雅克丽娜（Jacline）。卡门开着车买食材去了。她接起电话后，我让她停车。

“行了吗？你坐稳了吗？好，诺贝尔委员会刚给我打了电话。我是其中一个获奖者。我获得了诺贝尔奖。”

长时间的沉默……然后：

“啊，哎呀。我们得取消午餐了，是吧？”

之后她才高兴起来。

卡门立刻联系我们的儿子朱利安，他当时——以及现在——住在旧金山。我们之间有九个小时的时差，卡门试了好几次才跟他打通了电话。他和他母亲一样，听到这个喜讯都惊呆了。

然后呢？我在办公桌前坐了一会儿，感到非常惊讶。我知道，在正式宣布获奖者和随之而来的祝贺浪潮之前，我没有多少时间了。我给了自己三分钟时间。这还不是消化这个消息的问题，只是让它进入我的脑海，接受它成为现实。我用三分钟进入了另一个维度，从著名的科学家一跃成为获得诺贝尔奖的科学家。

我需要更多的时间。

我的第二反应是去了隔壁：莱恩的办公室。六年前，CNRS 取消了我的主任研究员头衔，当时的情况令我非常不快，但我不想多谈。2010 年，在我与 CNRS 产生矛盾后，莱恩邀请我加入超分子科学与工程研究所（Institut de science et d’ingénierie supramoléculaire，Isis），这是他于 2002 年创立的研究机构。同时，斯特拉斯堡大学聘任我为名誉教授，这是我莫大的荣幸，至今我仍感到非常自豪。多亏了莱恩，我才能够与一个由一两位出色的博士后组成的小团队一起启动新项目。科学“父子兵”再次团结在同一个屋檐下，这是在我发表博士论文 45 年、成立自己的实验室 35 年之后。

我知道他在办公室里。我懒得敲门了。“我遇到了一件怪事：我想我获得了诺贝尔奖。”他片刻都没有怀疑：他的喜悦之情喷涌而出，甚至墙壁都在震动。他立即拿起电话告诉了 Isis 的一些朋友。他还在办公室的角落里发现了一瓶香槟酒。这瓶酒已经有点温热了，但味道却令人难忘。干杯时间到了，官方已经宣布了消息。我们怀着激动的心情，在他的电脑上观看了直播。卡门到了我们楼下，我下去找她时，听到头顶上传来一阵喧闹声。实验室里所有的年轻研究人员和博士生都放下了手中的移液器，聚集在大楼的走廊上为我欢呼。惊讶之情消退了，复杂的情绪涌上心头。

我想到的第三个人是克里斯蒂亚娜·迪耶特里克－布赫埃克，我的思绪中夹杂着哀伤。她在很多方面都起到了决定性的作用。她面对自己指导的年轻人十分和蔼，无疑提升了我们的工作质量，推动了项目成功。这些工作远远超出了她自己的科学贡献。毫不夸张地说，这个诺贝尔奖在很大程度上是她的功劳。同样，我也要感谢曾经的合作者，尤其是那些与我合作数年甚至数十年的人（特别是让－保罗·科兰、让－马克·克恩、瓦莱丽·海茨和让–克洛德·尚布龙）。我还想到了由我指导过论文、最令人愉快且最具创造力的学生们，想到了对我们的成功贡献最多的博士后研究人员，想到了我在科学界的诸多好友。几秒钟内，我的脑海里闪过太多的回忆！我知道我需要一些时间来适应诺贝尔奖得主这个新身份，但很快又被拽回现实中。几十分钟后，我已经被推到了聚光灯下。研究所的大厅里聚集了数十名记者。奇怪的是，在回答他们的问题时，我感到完全自在，也许是因为我已经习惯了给各式各样的听众作演讲。

2000 年初，克里斯蒂亚娜在进行一些日常活动时感到行动困难。她感到持续性的肌肉无力，并且难以用语言正确表达自己的意思。花了很长时间她才被诊断出肌萎缩性脊髓侧索硬化症，也称为夏科氏病，是目前最棘手的退行性疾病之一。疾病会导致神经系统萎缩并逐渐麻痹，直至呼吸肌发生致命性的麻痹。这个诊断让她伤心欲绝，但她还是继续来到实验室工作，好像什么事都没发生过一样。她想尽可能地自己进行实验操作。整个团队，包括年轻人，都被她的勇气所折服，钦佩她的自我牺牲精神。2004 年，我的科学挚友和心灵知己、克里斯蒂亚娜的丈夫贝尔纳·迪耶特里克罹患肾癌去世，这加重了克里斯蒂亚娜的负担。从 2005 年开始，她的身体越来越虚弱，只好将合成操作交给别人来做。尽管如此，她还是坚持前来工作，将其视作一种荣誉，直到她无法行走为止。

克里斯蒂亚娜没有听到我在 2016 年 12 月 8 日的诺贝尔奖颁奖典礼上献给她的悼词。她也没有看到那张展现她音容笑貌的幻灯片，那是一张在实验室里拍摄的照片。照片中，她穿着白色大褂，一头灰白的短发，笑容满面。当我在斯德哥尔摩大学的圆形剧场里面对一众名流演讲时，我播放了这张幻灯片。那些给我这一巨大荣誉的人有必要知道克里斯蒂亚娜所做的贡献和应得的份额。

克里斯蒂亚娜·迪耶特里克－布赫埃克于2008年去世，享年66岁。此时距她被诊断出只剩18个月的生命已经过去了整整8年。

2009年5月，在她去世后不久，斯特拉斯堡大学为纪念她举办了一场研讨会。全世界最著名的化学家之一、经常出现在诺贝尔奖候选名单中的日本人藤田诚（Makoto Fujita）专程从东京赶来参加这次盛会。他曾在几个我们共同感兴趣的项目上与我们合作过，从那时起，他就十分尊重和敬爱这位伟大的女化学家。

在Isis的会议室里，许多人都热泪盈眶，藤田献给克里斯蒂亚娜的致辞感人肺腑。在结论中，他提到了索烃的图像：这种纳米级的环结让我们享有盛誉，这种牢不可破的纽带则超越了死亡，将我们紧紧团结在一起。

两个相互交织的环，象征着友谊。

第十章

优雅的自然

生命的出现是否是一种不太可能且从未出现过的环境因素组合的结果，从而让地球成了宇宙中独一无二的存在？或者相反，只要形成生命的条件和成分组合在一起，生命就会出现，从而表明生命在宇宙的其他地方也会出现？这个问题远远超出了我的专业范畴，或许向外星生物学家或天体物理学家寻求解答会更有帮助。

但我还是想在这里斗胆提出我作为化学家的观点。我的观点并不明确倾向于上述两种说法中的任何一种。

我的主观直觉是，生命以某种形式存在于别处。首先是统计学上的理由：可观测宇宙中大约有 10^{23} 颗恒星，这一庞大的数字与地球上沙粒的数量相当，因此我们的地球是唯一有生命的星球的可能性很低。米歇尔·马约尔（Michel Mayor）和迪迪埃·奎洛兹（Didier Queloz）（两人为2019年诺贝尔物理学奖得主）令人信服地揭示了第一颗系外行星的存在。自此，人类发现的系外行星数量呈爆炸式增长。现在科学家已经发现了上千颗，并且我相信这个数字在未来几年还会急剧增加。第二个理由请参考斯坦利·米勒的实验。通过在实验室中模拟地球原始大气的条件，这位美国化学家成功地从他的“原生汤”中合成了生命形成所必需的分子。但要让这些分子动起来并且能自我繁殖，光有原料是不够的，还需要知道配方，换句话说就是正确的合成策略。

作为化学家，我的经历让我对这个激动人心的重大问题持有开明的看法。回顾一下我的科学家前辈伍德沃德合成维生素B12所花费的时间之长，就足以说明问题的复杂性。请注意，我用笔画图从而“看到”链烷的化学结构完全是一次幸运的巧合。想想我们为制作这种链环，并让它动起来所付出的努力吧。只有具备大量的知识积累以及高水平科学家的智慧与协作，才能粗略地复制出生命在千万年来一直以更加完备的形式所进行的活动。

那么，我们的地球是如何成功合成生命的？这种我们至今无法理解的复杂化学“配方”究竟是怎样的呢？

与我们这些可怜的凡人不同，我们的星球有足够的空间和时间来塑造其化学性质。平原、山脉、海洋、高压或低压、高温或低温……在这个条件多变、环境种类繁多的巨大实验室里，大自然在数十亿年间尝试了无数种合成策略，以各种可能的方式对化学元素进行不断组合。终于，在地球形成后大约 8 亿年的某一天，这些策略中的一种成功地合成出了生命。

在我看来，这种惊人的生命合成过程并非某位高超智者的精心策划，而是经过无数次的尝试和实验找到了正确的化学配方。正是因为大自然中发生了几乎无限次的化学反应以及拥有如此庞大的实验场所，才会在某种特定但仍未知的条件下，让当时仍然不会“动”的分子集合体“动”了起来，并具备了自我复制能力。对于像我这样的无神论者来说，要达成这个结果，即使不能完全排除有“神”介入的可能性，但至少也可以认为“神”的介入在这里是完全没有必要的。有科学和时间就足够了。

我认为，澄清这一点至关重要，因为合成分子机器的工作意外激发了一些创造论信徒的热情。在荣获诺贝尔奖后不久，我收到一封电子邮件，发件人希望代表一所美国私立大学对我进行采访。我一如既往地接受了采访邀请，随后在搜索网站里查询了采访者的名字。我意外地发现了一个神创论者的网站，里面说道，自然界的分子机器（例如 ATP 合酶或驱动蛋白）证明了生命是组装而成的，而这种组装过程过于复杂，因此不可能是偶然的结果。我猜想我们在模仿这些生物机制时所面临的难题，或许会被他们用作支持其论点的论证。这些人的核心论点似乎是：如果人类智能难以企及如此高超的工程技术水平，那么就意味着有更高层次的智慧在起作用。显然，采访的过程可能会被裁剪，以给我设下圈套。最终，我以日程安排紧张为由拒绝了采访邀请。

虽然我不相信上帝，但我尊重所有信徒，无论他们信仰何种宗教。这一点至关重要，我想在此强调一下。我对宗教没有敌意，我甚至认为上帝的观念并非与科学完全对立。我自认为是一个理性的无神论者。最近，我重读了霍金的名著《时间简史》。如果用公认的表达方式来说的话，这本书并没有排除存在伟大的宇宙设计师的可能性。另一方面，我同意霍金的一个令人难以反驳的观点：如果上帝真的存在，他就没有理由只是人类的神。众多生物学家已经证明了进化论的正确性，我认为这一理论是无可置疑的。然而，如果我们接受达尔文的理论，那又怎能相信有一个专属于人类的上帝呢？一只拥有高等智慧的灵长类动物，一夜之间被赋予灵魂，脱离了动物的世界，成为上帝的创造物——这种设想在我看来非常荒谬。

我把这个论点分享给一位既是进化论者又是宗教信徒的朋友，发现他多少显得有些尴尬。科学理性只能认为全宇宙共同拥有一个神。至于灵魂，我觉得它只是我们大脑中物理化学反应的表观呈现（如果存在的话），因此是完全理性的。同样，虽然随着科学的进步，我们已经能够测量大脑的活动，但了解控制我们思想的化学反应在很大程度上仍然遥不可及。

那些将 ATP 合酶作为上帝天才证据的创造论者，或许应该选择另一台机器——核糖体，它更为壮观，在生物体内发挥着更重要的作用。如果说 ATP 合酶分子是生产生命燃料的炼油厂，那么核糖体就是它的母板。它负责合成我们细胞内起作用的所有蛋白质。DNA 携带生物体的遗传密码，而核糖体就是解码器。我们的每个 DNA

分子都包含20亿个ATCG字母表的“字母”（碱基），从而控制我们的新陈代谢功能。核糖体则负责将由腺嘌呤（A）、胸腺嘧啶（T）、胞嘧啶（C）和鸟嘌呤（G）构成的遗传信息翻译成能够移动的蛋白质。携带着遗传信息的信使RNA从细胞核中被转运出来，来到核糖体跟前。在这里，遗传信息按照3个字母一组的序列（即密码子）被读取，这些字母不同的排列顺序对应于不同的氨基酸。氨基酸接连不断地产生出来，它们构成的长链最终成为蛋白质。想象有一台计算机，你可以向它口述英语字母表中的26个字母，它则能够将这些原材料（字母）转化为福楼拜的文学作品。你刚刚触碰到的正是核糖体那不可思议的力量。

核糖体无疑是生命王国中最复杂的细胞器之一。如果我们把ATP合酶比作蒸汽机，那么核糖体就是最新一代的核电站。一步一步地分解在这个由数十万个运动中的原子组成的集合体中发生的数千个协调一致、精心设计的化学反应，这会是一项无与伦比的壮举。

经过30年的研究，借助新的极低温度下的晶体学技术，科学家终于揭示了核糖体的详细结构。构成核糖体的分子相互缠结，让人联想到钢丝球，或者一盘中间点缀着塑料微珠的面条。核糖体整体以3D建模呈现出来，其复杂性令人惊叹。长期以来，揭示核糖体的结构都被认为是不可能的任务，但谜底终于在2000年被揭开。当然，这个发现也让三位研究者获得了2009年诺贝尔化学奖，他们是印度人文卡特拉曼·拉马克里希南（Venkatraman Ramakrishnan）、美国人托马斯·施泰茨（Thomas Steitz）和以色列人阿达·约纳特（Ada Yonath）。

2019年，我有幸在普林斯顿的一个研讨会上见到了阿达·约纳特教授，我们都被邀请作为嘉宾发言。在她引人入胜的演讲结束后，我向她表达了我的钦佩之情，同时也表达了我对核糖体这首复杂的“化学交响曲”的困惑。“我也是，我也不完全理解。”她笑着承认。

核糖体的美并不在于它杂乱无章的结构，而在于其卓越的功能。此外，我深知，美是一个主观品位问题，无论是对于分子还是其他事物。多年来，在热爱艺术的妻子的熏陶下，我的审美品位也得到提升。当我在埃文斯顿工作时，每个星期天我都会和卡门一起去艺术学院，那里收藏了大量的印象派画作。在巴黎服兵役期间，我更是每个月都会去卢浮宫欣赏艺术珍品。我偏爱荷兰画派的作品，尤其是伦勃朗和鲁本斯的画作。同时，我也对锡耶纳画派（École de Sienne）的作品情有独钟。这个画派在 13 世纪至 16 世纪达到巅峰，其作品以永恒不变的风景和华丽的金色背景展现圣母玛利亚或新约中的人物。尽管我不信教，但这些杰作所散发出来的神秘主义气息让我激动不已。当我聆听一些受宗教启发的古典音乐时，比如加布里埃尔 · 福雷（Gabriel Fauré）的安魂曲——这首作品于 1888 年在玛德莱娜教堂首演，我同样能感受作者深厚而真诚的信仰。尽管我没有这样的信仰，但我仍能感受其中蕴含的力量，足以让我热泪盈眶。

在分子层面上，大自然同样不乏美学杰作。每个人都会根据自己的审美标准来选择和欣赏这些杰作。就我而言，我认为分子的美首先来源于其对称性。那些包含过渡金属——如铂原子——的分子，通常会形成对称性惊人的结构。在光合细菌嗜酸红假单胞菌（Rhodopseudomonas acidophila）中，有一种充当光收集触角的蛋白质，由两个平行的环组成，分别包含 18 个和 9 个细菌叶绿素分子。这两个环构成了一个有 9 个瓣的玫瑰线[㊀] 形状，其对称性令人叹为观止。而绿色红假单胞菌（Rhodopseudomonas viridis）则更为惊人。这种光合细菌是名副其实的活化石，可能最早存在于 20 亿年

㊀ 玫瑰线是极坐标系中的正弦曲线，可以用方程 $r = \cos(k\theta)$ 来表示。如果 k 是偶数，玫瑰线就有 $2k$ 个瓣；如果 k 是奇数，则有 k 个瓣。——译者注

前。其充当反应中心的分子位于细菌的心脏部位，呈马蹄形，对称性几乎完美。如此古老的生物体所展现出的基本化学结构之美，再次让我们惊叹于大自然的优雅与神奇。

如何解释大自然对美丽事物的偏爱？这个问题，至今无人能给出明确的答案。然而，我知道化学家在设计合成项目时，往往可以从对称性中获益：这确实是一条巧妙的捷径。设计一个对称的分子可以节省一半的工作。你只需要合成一面，然后复制一下即可。我们的分子压缩器项目就是这种对称策略应用的一个绝佳的例证：只需要合成 1/4 的分子结构，然后将其重复 4 次。大自然是否也和我们一样懒惰呢？在绿色红假单胞菌中，其反应中心的近似对称性似乎并没有任何实用性：马蹄形结构的左侧分支在光合作用过程中没有发挥任何已知作用。也许这是它原始形态的遗留，但若是如此，为什么没有通过进化将其剔除呢？这时，我们就不能忽视另一种假设：大自然认为它很美！

在我们团队里，克里斯蒂亚娜和我一样，对美的化学反应充满渴望。她全身心地投入其中，为了项目的成功殚精竭虑。我尤其记得分子三叶结的合成，这是我们继索烃之后合成的第二个纽结结构。这个项目历经4年，其中很大一部分必须归功于克里斯蒂亚娜。雄心壮志无疑是科学家不断前行的动力，但对我们而言，对美的追求有时能为我们注入更多的能量，就像一种自我超越的源泉。

在我的职业生涯中，这种探索只有一次被外界知晓。2004年，我向我的团队成员，特别是伯努瓦·科拉松（Benoît Colasson）——一位非常聪明且深受大家喜爱的学生提出了合成博罗梅奥环的构想。我怎么可能放弃这个项目呢？合成那神话般交错的三环结构，无疑是我必须面对的挑战。当然，这跟我从前的经历有关，但更重要的是，我意识到这将会是一个极具挑战的化学项目。

像往常一样，这项工作从我徒手粗略地画出脑海里想到的分子开始，接下来就是烦琐的合成工作。当时，克里斯蒂亚娜因病身体虚弱，伯努瓦为她提供了有力的支持。然而，合成过程却异常困难。博罗梅奥环的三个环必须同时重叠在一起，缺少任何一个，整个结构就会崩塌。

经过近一年的反复尝试与失败，这座高峰似乎仍然难以逾越。克里斯蒂亚娜和这位年轻的博士生都极具才华。可能是我的目标过于宏大了。放弃这个项目开始成为一个严肃的选择。我陷入了纠结：一方面，我不能无谓地浪费朋友和同事们的精力；另一方面，这个神话般的符号、这个已然成为我科学旅程象征的梦想又如此诱人。

然而命运已经为我做出了选择。

一天早上，负责这个项目的博士生伯努瓦皱着眉头来到实验室。他的一位去美国工作的同学刚刚参加了弗雷泽·斯托达特团队成员做的讲座。在演讲中，这位科学家介绍了他们实验室的一项还在完成阶段的最新成果：博罗梅奥环的分子合成，采用的是一种我们从未想过的、精妙绝伦的方法。

我们时常被超越。

第十一章

疯狂的病毒

“我很高兴地确认，总统拟于 2016 年 12 月 20 日星期二中午 12 点在爱丽舍宫接见让 – 皮埃尔 · 索维奇先生。”这封落款日期为 2016 年 12 月 10 日的电子邮件是我的助手费里德（Ferid）转发给我的，他是斯特拉斯堡指派给我的，帮我管理由获得诺贝尔奖而引发的雪崩似的会见请求。获奖消息宣布后，我第一次收到了爱丽舍宫以及高等教育和研究部部长蒂埃里 · 曼登[㊀] 发来的贺信。天性使然，相比于政府机关的关注，我更

㊀ 蒂埃里 · 曼登（Thierry Mandon）时任负责高等教育和研究事务的国务秘书，并非部长。——译者注

加重视同行的认可。但我必须承认，这种关注触动了我。总统弗朗索瓦·奥朗德（François Hollande）并非一个科学迷，而且我本预计会在两场诺贝尔奖纪念活动之间在爱丽舍宫受到接待，但被邀请与国家元首一对一地共进午餐确实出乎我的所料。和往常一样，我的妻子卡门除了关心授予我的荣誉之外，还在担忧其他事情："我很想知道爱丽舍宫里面吃得怎么样……你回来告诉我！"

去巴黎的高铁准点到达站点。我准时来到总统府前。我记得斯托达特在一个月前受巴拉克·奥巴马（Barack Obama）接见后发给我的照片。会见结束之后，斯托达特与他的两个已经成年的女儿和美国总统一起，在白宫椭圆办公室合影留念，他面带微笑，一脸自豪。我向一名值班警察出示了身份证，然后一位亲切友好的顾问来迎接我，并把我带到了一个小客厅。"总统很快就会过来了。"他告诉我。几分钟后他又出现了，并让我跟着他去另一个办公室。我们穿过一个大餐厅，那里有二十个座位。我不知道还有其他客人。“还有一个非洲国家元首代表团。”这位顾问说道。我觉得这样把不同背景的人安排在一起的想法颇具创造性，让人兴奋。

顾问在我们旁边就座时，奥朗德热情地向我打招呼，并祝贺我为扩大法国影响力做出了贡献。我向他简要介绍了引起诺贝尔委员会注意的发现。之后，他没有询问任何关于这个主题的问题，谈话也没有再回到这个主题，说明他对化学，或者至少是对我的工作性质的兴致并不高。谈话很快转向科学教育。我感到遗憾的是，我们的教育体系对科学的重视程度太低，没有让年轻人，尤其是普通阶层的年轻人，对科学产生足够的兴趣。交流仍然是肤浅的，充斥着陈词滥调。总统和蔼可亲，偶尔点点头，但没有深入的探讨或征求任何建议。谈话几乎是单向的，似乎并没有让他感兴趣。我想转向另一个对我来说很重要的主题：社交网络带来的有害影响。不久前，奥朗德与女演员朱莉·加耶（Julie Gayet）的暧昧关系被曝光，他刚从一场疾风骤雨般的诽谤中走出来。我想到了一个能引起他注意的点。“社交网络的过激行为，您知道是什么吗——您自己就成了目标。”从他惊讶的笑容中，我可以看出他并没有预料到会有这样的对话。“啊，是的，是的。”他礼貌地回避了这个问题。

12 时 30 分，顾问起身宣布会见结束。我希望接下来的午餐能让气氛稍微缓和一下。“总统的行程很紧张，还请您见谅。我陪您出去？找到出口并不容易。”重新经过餐厅时，我意识到自己的错误：总统从来没有想邀请我共进午餐。在这里，中午和其他时间一样是会客的时间。这个误会让我不禁哑然失笑。到火车站东站后，我把原定于下午 5 点出发的返程票改成了下一趟出发的班次。我感到饿了。利用等车的时间，我在车站茶点吧点了一份三明治，然后给卡门打了电话。“让你失望了，我没有尝到爱丽舍宫的美食。不过，我可以跟你说说东站的火腿和黄油。”我向她解释说总统没有留我吃午餐，而且可能从未考虑过这样做，她听到之后比我更生气，不过当晚我们就因此笑了起来。

然而，卡门有些生气是有原因的。这件事情并不像看起来那么无伤大雅。不是因为对我的自尊的伤害——我的自尊完好无损，获得诺贝尔奖我已经十分满足了——而是因为它的象征意义。六个月前，法国队在欧洲杯决赛中不敌葡萄牙，成为亚军，他们受到了奥朗德十分热情的接见，礼仪和报道更是热烈之至。不用说，这 22 名球员和他们的全体工作人员被留下来与总统共进午餐。我不知道这种待遇的差异反映的是总统个人的倾向，还是只是宣传策略的不同。尽管如此，2016 年一位法国化学家获得诺贝尔奖（自 1901 年以来第七次）在我看来似乎是一个千载难逢的机会，可以让我们科研部门的优异表现为更多人所知，甚至可以在一个科学不受欢迎的国度让科学研究成为一项使命追求。显然，让年轻人想从事足球运动员的职业更有用或者更诱人。我成了自己学科及其益处的传道者，接受从农村地区的初中到最大的国际媒体向我提出的所有采访请求，希望以此来弥补这一缺陷。

需要指出的是，在21世纪的法国，媒体对化学的报道总是负面的。但情况并非向来如此。我成长于20世纪60年代，在那时的法国，化学对日常生活来说是无可争辩的进步标志。从电视机的阴极射线管到家用产品，再到冰箱和现代医学，化学带来的创新为我们打开了现代化之门。这份清单里还应加上塑料的发明，无论是用于制造各种物品（比如PVC）还是用作织物（尼龙及其衍生物）。我们常常忘了一开始使用合成聚合物也是为了解决生态问题：塑料是木材的人工替代品，可以减缓森林砍伐的速度，保护我们的森林。同样，尼龙是集约化棉花种植的有效替代品，因为棉花种植既费力又耗水。

在这两个方面，塑料的兴起无疑起到了预期的效果，但没有人会再冒险提到这些了。

今天，“化学品”这个词就足以让人望而却步。它是我们所有恐惧的遮羞布，也是我们所有疾病的罪魁祸首：碳氢化合物燃烧导致全球变暖，化肥或杀虫剂让人染上疾病，还有被污染的海洋、空气、河流乃至整个自然界。人们传播这类“指控”往往出于好意，但我们必须对这些说法进行辨别，因为它们所涉及的科学问题截然不同，有的判断说法也是有问题的。如果让我用一句话来概括这些意见，那就是：不应将化学与化学工业相混淆。

化学工业会因为疏忽带来灾难性的后果，我完全清楚这一点。从 1984 年印度博帕尔工厂事故（合成农药的中间体异氰酸甲酯泄漏，造成约 2.5 万人死亡），到 2001 年图卢兹 AZF 工厂事故（用于制造某些化肥的硝酸铵发生爆炸，造成 31 人死亡），再到 2020 年 8 月黎巴嫩贝鲁特港发生的悲剧性事故（数百吨硝酸铵爆炸，造成 220 人死亡），新闻中常常充斥着若严格做好安全措施本可以避免的悲剧。但恰恰是有一些无能或心怀恶意的人，因为他们的一时疏忽而酿成大祸。无论如何，化学分子本身都不是事故的原因，除非我们要让水分子为溺水之人负责。

大众普遍认为，合成化学是肮脏、逐利且有害的，大自然本质上是纯洁、宽厚而无害的，两者之间的对立日益明显，这无疑是愚蠢的。与无时无刻不在进行着无情的“军备竞赛”的大自然相比，人类社会简直是无限的和平。大自然没有任何情感，只有适者生存。没有哪棵树结果是为了让我们觉得好吃：那只是一种有效的繁殖策略。果实甜而多汁，但只是为了吸引昆虫和鸟类为其传播种子。可能存在的合作现象与博爱无关。大量存在于我们或植物新陈代谢过程中的细菌同蛋白质和有机体相互作用，纯粹是出于自身的利益，每个细菌都发挥自己的优势，提供营养、特殊的化学特性等，以便从对方那里获得自己所缺乏的东西，反之亦然。这是一种双赢的关系。有一个科学术语用来指称这种良性的交换，这个术语在日常语言中也经常用到：共生关系，或者更简单地说，共生。在生物学中，并不存在兄弟情谊，就像不存在挚爱和怨恨一样。

大自然的化学和人类的化学是由相同的模具制成的，用的是相同的黏土，那就是化学元素周期表中的元素。实验室生产的抗生素和维生素与大自然合成的完全相同——相同的成分、相同的配方、相同的特性。一些分子呈现出来的毒性也不是现代化学特有的领域：自然界充满了致命的毒物，例如氰化物，或者存在于河鲀体内的河鲀毒素（tétrodotoxine），这种在日本常见的鱼肉质细嫩，只有鲁莽胆大的人才敢尝试。就杀伤力而言，人类设计的任何分子或许都无法与河鲀毒素相提并论：不到一毫克，即一只小蚂蚁质量的河鲀毒素，就足以让健康的橄榄球运动员倒下[1]。前文提到过的短裸甲藻毒素由某些藻类产生，是一种非常复杂的大规模杀伤性武器，尼科拉乌和他的团队花了 12 年时间才创造出它的人造对应物。

所有这些分子都为它们的宿主生物提供防御屏障，以抵御捕食者，但事实上，没有一种毒素是绝对有毒的。谈论它们的危害性或无害性必须以一定的量为基础、针对特定的有机体而言——其中就包括人类。但是，造成损害的并不是分子本身，而是分子与某些同类物质发生接触并在特定条件下引发的化学反应。即使是我们珍贵的水，通过蒸馏除去其中的气体，也会成为有机体的有毒溶剂。一个单独的分子，无论其起源如何，在本质上既不残忍也不仁慈。

---

[1] 我去过日本好几次，在日本有很多好朋友。他们有两三次邀请我在河鲀餐厅用餐，餐厅的厨师必须通过专门的烹饪技艺考试。我一直拒绝，而今天我感到有点惭愧。

秉持这样的理性观念，我们会认识到一些有毒的分子事实上是药物合成的优秀前体。紫衫——一种遍布山区和墓地的针叶树——含有天然的紫杉醇（taxol），这是一种由真菌产生的分子，紫杉出于共同的利益与这种真菌合作，使得树皮带上了强烈的毒性。古人把这种毒药涂在箭尖上。1971 年，美国癌症研究所四处寻找能够对抗癌症的分子，正好有一组研究人员发现了紫杉醇抗癌的特性。临床试验导致 12000 棵紫杉被毁，引发了当地环保组织的强烈抗议。

这件事引起了皮埃尔·波捷（Pierre Potier）的注意，他是 CNRS 的一名化学家，我曾有幸与他打过交道。1968 年，他的妻子、他的三个孩子的母亲罹患乳腺癌早逝，在这之后，他就把所有的精力都投入到与癌症病魔的斗争中。他从常见的紫衫针叶中提取的紫杉醇进行实验，改善其化学特性，最终得到了一种十倍效力的人工合成分子，这种物质被命名为“泰素帝”（taxotère）。皮埃尔的成果拯救了大片大片的紫衫林，这种方式不仅优雅，而且最重要的是十分巧妙。人们针对乳腺癌和肺癌进行了泰素帝的测试，并取得了成功，现在它是世界卫生组织制定的基本药物清单的一部分，并为其开发者赢得了1998年CNRS金奖。2006年，皮埃尔去世，经济部设立了以他的名字命名的年度奖项，奖励为保护环境做出贡献的化学创新。

泰素帝这个动人的故事展现了化学为社会服务的一面，但没人觉得这值得大肆宣传。事实上，这几乎是所有现代医学的情况。没有化学，我们可能还处在放血医学时代。我猜全天然药物的倡导者会在去手术室之前拒绝麻醉。我们不应该将大自然与合成化学对立起来。我有一个好朋友是中医专家，他已经退休了，但曾与专业实验室长时间合作，以开发基于天然分子的疗法。我相信这些疗法对于一些轻微疾病是有效的。但他们也无力治疗严重的病症。中医的优势是将身体视为一个不可分割的整体，而西医则针对器官。这可能是中医的理论弱点之一，但在治疗结肠癌方面，这绝对是一种优势。

在所有反化学的时髦姿态中，针对农业化学行业的声音得到了越来越多的支持。在“被告席”上，我们首先看到的是化肥。氮肥能够加速植物生长，是全世界范围内使用得最为广泛的化肥。生产氮肥的合成技术叫作哈伯–博施法（procédé Haber–Bosch），以 1913 年研发出这种方法的两位德国化学家的名字命名。这种合成技术能够捕获大气中以气体形式存在的氮，将其转化为由氮衍生出的氨气分子（NH_3），这是氮肥的基本原料。氨遭受了极大的诋毁，甚至只要一提到它，人们就会嗤之以鼻。但实际上，氨弥补了大自然的缺陷：氮是植物必需的营养素，在天然土壤中却十分稀缺。如果没有哈伯–博施法，全世界在“一战”后仍会经历不断肆虐的饥荒，这一点无人否认。据估计，20 世纪末有 24 亿人的粮食以氮肥农业为基础，约占全世界人口的40%[1]。

还记得我们在中学学过的内容吗？现在被认为是万恶之源的氮及其衍生物，事实上对生命而言至关重要。氨基酸是构成我们和所有生物体细胞的蛋白质的原料，它们是由氨和有机分子组合而成的。磷存在于磷肥中，它还以磷酸钙的形式存在于我们的骨骼和牙齿中。它也是ATP的主要组成元素，ATP是我们新陈代谢的“燃料”，前文已经讨论过了。磷来源于有机废物的分解，尽管具有至关重要的作用，但同氮一样，磷在土壤中的含量并不高。磷肥由磷酸盐制得，而磷酸盐则主要从摩洛哥、突尼斯、中国和美国等国家的矿产中提取。

除了化肥，杀虫剂也面临着严厉的批评，其中最受诟病的当然是草甘膦。这种人造分子的原始配方非常简

[1] SMIL V., *Enriching the Earth: Fritz Haber, Carl Bosch, and the Transformation of World Food Production*, Cambridge, The MIT Press, 2001, p. 205.

单。但正如我所指出的，这种化学上的简单并不一定等同于无害。我不会充当草甘膦的捍卫者，因为我没有能力判断它对人类的毒性。我看到世界卫生组织对其致癌性的评价是“很可能”，我没有资格验证这一判断的准确性。不过，真正的科学不能满足于这种不精确的结论，尤其是当人类生命受到威胁时，必须就草甘膦对人类健康的影响进行认真、准确的研究。如果消除疑虑需要时间，那么让我们拭目以待。这种含糊的答案无疑是在外界压力下得到的，它只会助长偏见。科学往往需要耐心，也需要理性。

我希望看到人们重拾对科学的信任，相信科学能改善我们的生活。我知道化学工业可能会破坏环境。我尤其想到了磷肥和含磷化学品，它们的残留物被倾倒在河流或海洋中，这可能会助长包括某些藻类在内的入侵生物的生长。但这些合理的担忧不应转化为反对科学进步的蒙昧主义运动，后者正是“阴谋论”滋生的土壤。我想举个最新的例子，它是关于新型冠状病毒感染（简称新冠）及其各类疫苗的。

疫情之初，我就在武汉。武汉大学落成了一个以我的名字命名的研究中心[㊀]，并于2020年1月7—8日举办了首届索维奇国际分子科学论坛。在之后的几天，关于严重流感的谣言开始传播开来。直到我回到法国时，上海大学进行的基因测序才揭示出这是一种与2003年的SARS冠状病毒类似的病毒。据世界卫生组织称，当年的SARS冠状病毒造成8000名感染者中近10%的人死亡。这绝非某些法国电视节目中所描述的“小流感”。几乎与此同时，我看到社交媒体上突然出现了关于一种人造合成病毒的文章，声称这种病毒似乎是从武汉病毒研究所（P4实验室）泄漏的。无须获得诺贝尔化学奖或医学奖，以我们目前掌握的知识就能知道，大规模制造

㊀ 指武汉大学索维奇国际分子科学研究中心。——译者注

病毒是不可能的。某些反疫苗活动家后来表达了对信使RNA 技术可能修改 DNA 的恐惧，同样反映出缺乏科学素养，这种无知会造成盲目而日益系统性的怀疑。

这种大肆传播的非理性病毒从何而来？我们只能做出假设。像新冠疫情这样重大的危机会引发人们极度的不安，很容易让人们不理智，甚至迷信。我们还必须对新闻界缺乏科学素养感到遗憾。我同世界各地的媒体都打过交道，只有在法国，记者会在采访开始时承认“我对科学一无所知”，然后会心地一笑。在别的地方，采访我的都是专业的科学记者。我自己的情况并不重要，我也从未因此而受到冒犯，但我担心，在按照严格的科学标准选择受访“专家”时，缺乏科学素养会成为严重的阻碍。这几乎等于任何人都能发表意见，这种情况我看到了不止一次，而且并不仅仅在新冠疫情期间。如果记者自己都不懂，甚至不感兴趣，又如何能让公众理解？

当然，我并不认为所有记者都是如此。我与法国记者之间也有过很好的合作经历，比如法国国际台（France Inter）“框中大脑”（*La Tête au Carré*）节目的马蒂厄·维达尔（Mathieu Vidard），或者目前在杂志《爱普西陇》（*Epsiloon*）——这是一份出色的刊物——工作的罗曼·伊可尼科夫（Roman Ikonicov）。当然，我并不排除科学家自己对这种根深蒂固的不满情绪负有责任：至少在21世纪初之前，太多的研究人员觉得他们没时间可以浪费，也不应该承担起这方面的责任，因而一直小心翼翼地避免在公开场合发言。公共资金对科学研究的结构性支持十分薄弱，政客们对我们的态度冷淡——我在爱丽舍宫的误会就是一个完美的例证，无疑也起到了推波助澜的作用。

在这种制度化怀疑的废墟之上，被树立成真理的信仰蓬勃发展，禁止一切质疑，否则将被驱逐出圈。无论在什么方面，科学都不应与信仰混淆。科学家的职责是向我们揭示那些并非不言自明的知识，放弃批判精神就是一种职业不端行为。正在发生的全球变暖是不争的事实，因为已有足够的记录证明这一点，但混沌的先知却大肆宣扬，宣称末日即将到来。我对气候变化以前所未有的速度发展而感到担忧，但我并不认同那种宣称“除非人类回到石器时代，否则气候恶化就绝不可避免”的灾难论。

科学事实是经过经验验证的事实。地球不是平的，我们知道如何证明这一点。然而，预测，顾名思义，是一门只有时间才能检验的艺术。在这方面，我们必须保持谦逊的态度。正如我的化学家朋友、法兰西公学院（Collège de France）教授马克·丰特卡夫（Marc Fontecave）所指出的那样，只考虑人类活动排放的二氧化碳量作为联合国政府间气候变化专门委员会（IPCC）设想的灾难性场景的调整变量似乎有点简单化，“除此之外，温度是像太阳、地球、大气和海洋这样复杂的系统之间非常微妙的相互作用的结果，我们对这些系统的建模当然越来越好，但仍然不完整”[一]。

某些末世论神谕频繁呼吁让地球以激进的方式脱碳，这足以让任何化学家跳起来。“地球上的一切都是碳基的，从生命开始。”马克·丰特卡夫在他的书中写道[二]。二氧化碳不仅对生命至关重要，它还是包括哺乳动物在内的大量生物得以出现的火花。二氧化碳是原始大气中存在的唯一碳源，正是得益于它，地球上才形成了第一个氨基酸分子，即生物体的前体。没有二氧化碳，就不可能有光合作用，也就没有可供我们呼吸的氧气。在自然界中，海洋除了吸收大量二氧化碳外，也会排放最多的二氧化碳。因此，问题并不在于消除这种重要气体，而是确定全球碳排放总量中由人类活动排放的那一部分

㊀ FONTECAVE M., *Halte au catastrophisme ! Les vérités de la transition énergétique*, Paris, Flammarion, 2020, p. 23.

㊁ 同上，p. 19.

所占的比例，从而确定人类在全球变暖中真正所要承担的责任。换句话说，问题不在于人类是否加重了温室效应——这是必然的，而在于具体的比例是多少。我们可以据此调整我们的行为。

我们应该投入大量的精力进行研究，精确衡量人类活动的碳排放量，但我明白这种方法属于严格的科学范畴，不会引起我们的决策者的兴趣，甚至还会被剥夺讨论的资格，他们会说现在已经不是科学辩论的时代了。这是对整个科学史的误解：真理往往是从理论的良性对抗中迸发出来的。

给理性腾出空间永远不会太晚。

第十二章

桥梁

我相信科学，但这与信仰无关。

科学已经证明了自己。

有时，科学服务于唯利是图的人，或者被那些不择手段的人所利用，满足他们残酷的目的，从而带来骇人听闻的悲剧。然而，科学同样惠及我们每天的日常生活，但不幸的是，这样的好处却没有受到同样的关注。不过，只要加以总结就会发现，到目前为止，科学挽救的生命远比它摧毁的要多得多。

为什么明天会有所不同？

人类面临多方面的挑战，科学早已给出了解决方案。1974 年石油危机后，法国转向开发核能，使其成为地球上二氧化碳排放量最低的发达国家之一。核技术并不止于确保我们的能源主权——这已经成为一个首要的问题，它更在于核能本质上是无碳的，因此能够减少温室效应。那么，为什么核能越发受到谴责？除了对科学进步绝望地失去信心外，我想不到别的原因。核废料管理问题引起的关注是有道理的，这个问题应该是动态研究的课题，但我们没有理由认为，在这个问题真正变得令人担忧之前，我们拿不出具体的解决方案。至于我们设施的安全，法国核工业无疑受到了最严密的监控，但从来没有发生过重大事故。

人口急剧增长和可耕种土地稀缺所引发的粮食危机也没有被科学家们忽视。发展转基因技术要解决的正是这些担忧，但转基因技术却在公开讨论中被否决，这同样是出于非理性的意识形态偏见，或者是对生物机制的误解，或者更确切地说，是这两者巧妙地结合。自 2008 年以来，法国禁止转基因技术的商业开发，转基因玉米根除运动轰轰烈烈地开展起来。然而，转基因却为农业带来了希望，让农业得以摆脱饱受诟病的对化学的依赖，同时变得更加高产、更加节约土地。

认为转基因生物会对植物或人体造成遗传污染毫无根据：我们吃的鱼的基因从来没有让任何人长出鳍来。DNA 不会相互“污染”。打出预防的旗号毫无用处，我们就是活生生的证明：我们每天吃的水果和蔬菜，无论是否是有机的，其基因都是经过数千年的选择和繁殖而形成的，它们因此没有在进化中被淘汰。法国科学院（Académie des Sciences）在 2002 年发布了一份支持在监管之下进行转基因植物种植的报告[1]，在这份报告中法国科学院提出了一些建议，其中有一条是希望“从小学开始提高公民的生物学教育水平”。显然，这才是转基因研究需要的紧急行动。

[1] 2014 年 3 月，法国科学院又针对这份报告发布了补充意见，要求恢复转基因植物研究的自由。

我们不得不担心，科学素养的匮乏会导致蒙昧主义，而这种蒙昧主义可能最终会带来恐怖。我遇到的一位才华横溢的女科学家每天都生活在这样的状态之下。她不断遭到严重的威胁，我不便透露她的身份。我在 2018 年的一次研讨会上遇到了这位生物遗传学家，她同时也是美国科学院院士。她介绍了自己 20 年的研究成果，开发出了一种名为“潜稻”（scuba rice）的转基因水稻。水稻是世界三大粮食作物之一，但在其遗传信息中存在固有的缺陷：水稻在潮湿的环境中腐烂得非常快。在季风时常引发洪水的国家，每年有超过 1500 万公顷、可以养活 3000 万人的水稻最终都变成了垃圾。潜稻因耐涝性而得名，这种水稻在腐烂前具备至少 15 天的耐水性，从而能克服上述缺陷。自 2009 年以来，在比尔及梅琳达 · 盖茨基金会的帮助下，潜稻被分发给了超过 500 万名种植者，现在南亚、尼泊尔以及撒哈拉以南非洲和马达加斯加等地均有种植。听了她的介绍，人们不由得佩服起来，我也是。

会议结束合影的时候，这个女人就从台上溜走了。我很惊讶，我坚持要她在我身边一起合影，但这并没有改变她的想法。我本以为她只是过于谦虚，但后来我才了解到其中真正的原因：出现在美国媒体上之后，她就因为“侵犯了大自然的圣所”而遭到恶毒的骚扰，更有甚者还对她发起了人身威胁。她保护数百万人免于饥饿，但却没有因此受到一致的赞扬，反而担心自己的安全。我们的常识在什么时候丧失到如此地步？

我相信科学，相信它具有改善我们生活的能力，但我也不天真。遗传学所取得的进步可能在明天服务于恐怖的优生学目标。对生物学重大发现的开发利用必须严格监管。但对于基础研究，它能让我们认为无法实现的事情变为可能，因此始终是希望之源。也许反对进步的人有这样一种想法：我们已经到达了文明的尽头，现在只可能倒退。也许还存在这样一种观点：人与自然相互独立，具有相反的功能，遵循相对的逻辑。然而，人和自然又是一体的，都在追求同一个目标：生存和繁衍。那么，为什么人类要以这种方式操纵环境呢？准确地说，是为了确保自己的生存，并保证后代的存续。在进化过程中，大自然没有预料到人类对能源和食物的需求会不断增长，也许我们只是个意外。也许我们不在大自然的“计划”中——如果我可以这么说的话。

在分子机器方面取得进展之余，我和我的团队从未完全放弃在光解水，或者更广泛地说，在人工光合作用方面的工作。我们以及后来其他十分有独创性的实验室围绕不同金属设计出结构越来越复杂的分子，为推动这一领域的发展做出了贡献。正如我在前文所解释的，这当中主要的挑战是制造出一种光敏分子，能在足够长的时间内将正负电荷分离，以便让负电荷用于裂解水分子产生氢气，让正电荷产生氧气。在自然界中，正负电荷的分离是完全的，因为并不会发生明显的重组。这是因为在光化学或能量转移过程后产生的正负电荷被定量地用于产生分子（分别为氧气和有机化合物）。2005年和2006年，我们的团队和露西娅·弗拉米尼（Lucia Flamigni）团队合作，在这一领域发表了最新论文。我们的光敏复合物在略大于100微秒的时间内分离了电荷，这已经比我在20世纪80年代中期涉足这个领域时的成果好了不少。当我在1977年与让–马里·莱恩共同署名发表这一领域的第一篇论文时，我相信水的光解只用几年时间就能实现。然而，这么多年以后，我们距离真正有效、可大规模应用的方法仍然很遥远。

这次失败是我在职业生涯中少有的遗憾之一。获得诺贝尔奖是我从来没想过的，这项成就让我不再有任何长久的遗憾。获奖时，我暂停了大约一年的研究工作，但仍保留着莱恩创立的Isis的名誉教授头衔。本来开始显现的平静的退休生活自然而然地被打破。20世纪90年代，在我获得诺贝尔奖前的名声高峰期，我每年在世界各地做大约 40 场讲座。从斯德哥尔摩回来后，这个数字翻了一番，直到新冠疫情暴发我才暂停线下讲座。要对所有这些讲座邀请做出积极回应并不总是那么容易的，有些邀请在时间上冲突了，但我尽一切努力尽可能多地答应下来。我要对科学界，以及整个社会表达感激之情，因为化学给我带来了快乐。

有些交流活动给我留下了特别深刻的记忆。比如，我参加了“成功之绳”项目（Cordées de la Réussite），这是国民教育部的一项计划，旨在在整个学校教育阶段为弱势群体出身的年轻人提供个性化支持，以提供平等的机会。我与其中一些年轻人交流过，发现他们不仅非常友善，而且特别聪明。这次经历不仅拓展了我的视野，更是感人肺腑。2017 年，43 年前接待过我做博士后的牛津大学邀请我作为一次著名年会的荣誉嘉宾。这个非常受欢迎的会议被称为“马尔科姆 · 格林讲坛”（Malcolm Green Lecture），以纪念我以前的博士后导师。这种双重致敬让我十分感动。

每当我没有和卡门一起坐飞机出远门时，我就会去我位于 Isis 办公楼 5 层的办公室工作，或者阅读我没有时间翻阅的科学论文。时至今日，我仍然喜欢与新老研究员们进行或严肃或轻松的讨论，首选是我的办公室邻居和老朋友莱恩。

当然，新冠疫情结束了这种旅行和欢乐的生活。疫情一波未平一波又起，年事已高的我说服自己只需听从天命。我没有什么好抱怨的：与许多人不同，我并不害怕失去工作，在伦巴第大区翻修完的房子里，我和卡门一起度过了几轮封城期的大部分时间。有了互联网，我能继续通过视频向有需要的大学和机构做讲座，我也能够阅读科学论文，与各种各样的人通过电子邮件通信，因此一直活跃在科学界。

我一有机会就接种了疫苗。地区卫生局建议我在公众面前接种疫苗，我同意了，一起的还有斯特拉斯堡大学的另外两位重量级人物——生物学家、诺贝尔医学奖得主儒勒·霍夫曼（Jules Hoffman）和让 – 马里·莱恩。2021 年 1 月 18 日，面对摄像机，我们三人与我们的妻子接种了疫苗。之后，我们召开了一场新闻发布会，并在发布会上做了一个简短的免疫学讲座，以说服公众效仿我们。作为全球免疫系统专家，儒勒讲解了疫苗的一般原理和信使 RNA 技术的新颖性，他强调了这种技术在理论上的有效性和安全性。他的讲解非常专业，莱恩和我只用不断点头。这种微不足道的贡献当然没有阻止反疫苗抗议浪潮的兴起，只算是庆祝在创纪录的时间内研发出疫苗并在法国免费提供给公众这一令人难以置信的科学壮举。舒适的现代生活是否让我们变得不合逻辑和反复无常？反疫苗游行让我生气，加深了我在整个疫情期间的精神抑郁。

在个人层面，我必须承认，自从这种讨厌的病毒出现以来，我的日常生活节奏变得更加平静，我并没有为此感到不悦。但即便像我这样备受优待的人，也会有不便之处，比如我无法与儿子和孙子见面，朱利安和他的家人已经定居旧金山很长时间了。但我并不怎么怀念坐飞机去世界另一头做几个小时演讲的生活。我充分利用这段时间与妻子一起做园艺、读书、看电影和电视剧。我看了几集《绝命毒师》(*Breaking Bad*)。这部电视剧展现了我的学科的荣耀：一位被癌症判了死刑的化学老师为了给家人留下足够的遗产，突然成了合成药物的制造商。我只看了前三集，但我必须承认剧中对合成操作的描述非常真实。可以说，这部电视剧的成功对宣传化学和元素周期表所做的贡献超过了所有诺贝尔奖的总和。我儿子有一次回法国时，给我带了一件印有这部电视剧标志的植绒 T 恤。我在面对摄像机接种疫苗时就特意把它展现了出来。

我幸运的职业生涯启发了一些年轻人和一些不那么年轻的人，他们要我传授科学家成功的秘诀。我并不认为我掌握了绝对的真理，但我知道什么对我有用。我用一句话来概括：追求成功首先是追求成就感。

第一个要素是信心。首先是要相信自己。我曾长期缺乏自信，如果我没有改变这种性格，我的职业会是什么样子？其次是相信科学及其改善我们生活的能力。

第二个要素是想象力。要做到这一点并不像看上去那么简单。想象力不是想要就能出现的，但我相信它就像运气一样，能够被激发出来。我每周六早上阅读的科学期刊、做的科学白日梦，以及我失眠时对项目的反思，在第一个索烃的合成中发挥了决定性作用。机缘巧合不仅仅是运气的结果，它不是天才灵光一现的产物，而是让自己思绪徜徉、超越自己所见的能力。

有了这两个先决条件，才可能拥有第三个要素：独创性。我耕耘过分子拓扑学等处女地，研究过水的光解等传奇领域，因此一些化学界知名人士称我为神秘化学家。我对这些课题有信心，同时我又喜欢做白日梦，因此我能接受这样的评价。在科学界和其他领域一样，循规蹈矩的人能够干得好，但却很少能变得伟大。循规蹈矩是一个人社会关系融洽、收获良好友谊的要素之一。但我遵照莱恩的建议，将研究中的政治运作抛之脑后，而我也从未后悔过这个决定。只有挑战的乐趣和科学的认可才能激励我。

我获得职业成就的第四个要素是我个人生活的成就。我一直很小心不把家庭生活与工作混为一谈。我很荣幸，在 45 年的职业生涯中，我几乎每天中午都能与妻子共进午餐，而且大多数时候是在家里，只有极少例外。在完成本书写作时，我们刚刚庆祝了结婚 50 年。我从来没有牺牲掉长假，我高兴地看着儿子长大。如果我必须做出选择，我会放弃世界上所有的诺贝尔奖，换取如此美妙的生活。

最后，还有两个并列的要素：雄心和谦逊。要有雄心勃勃的目标。雄心让你想去无人涉足的地方冒险，或者向被认为不可侵犯的圣所发动攻击。害怕在别人失败的地方失败、限制自己的欲望、缩小自己的胃口，这是荒谬的。然而，当雄心在得到结果之前就表现出来时，就变成了傲慢。因此，怀揣雄心壮志，就要无论失败或者成功都保持谦逊。怎么能不谦逊呢？每当我们取得一次成功，让我们更接近大自然运作的机制时，大自然都会来提醒我们，它比我们高明得多。我们的聪明才智从来无法与之比肩。

化学有一千种定义。其中有一个最让我喜欢：化学是在宇宙法则和生命法则之间架起桥梁的科学。这句话出自我一生的挚友——让－马里·莱恩，很好地总结了我们这个学科难以描述的魅力，也很好地概括了我的科学历程。

化学是连接自然和生命的桥梁。

化学是连接分子和人类的纽带。

这种神秘的本领能够为少数惰性原子注入生命。

致 谢

本书是与蒂博·莱斯（Thibault Raisse）多次讨论的结果。非常感谢蒂博！我们的探讨愉快而热烈，随着讨论的深入，他对我所说内容的理解能力让我印象深刻，我的表达可能学究气太重，而他能把这些内容翻译成更易理解的语言。他还让这本传记变得有趣起来。我还要感谢奥利维娅·雷卡森斯（Olivia Recasens），她让我相信我的世界以及生物和合成分子的世界能够引起不少读者的兴趣。这是分子应得的，我们都知道。

我还要感谢卡门，我生命中的女人，以及我们的儿子朱利安。他们一直对我的科学热情和我在这方面花费的时间非常宽容。

最后，我要感谢参与在分子机器和我们所涉猎的许多其他领域研究的人。他们是 CNRS 的研究员或者斯特拉斯堡大学的教授，自 20 世纪 80 年代初以来，他们一直为我们实验室的工作做出贡献，特别是克里斯蒂亚娜、让－保罗、让－马克、马克、让－克洛德和瓦莱丽。他们为我们项目的确立和成功做出了巨大贡献，并给许多才华横溢、积极进取的博士生在整个学习培训阶段提供了和蔼亲切的支持。我向所有为我们的成功做出贡献的“老人”和几十位年轻人表示感谢。